KB172655

과학공화국
생물법정

4
인체

과학공화국 생물법정 4
인체

ⓒ 정완상, 2007

초판 1쇄 발행일 | 2007년 4월 23일
초판 18쇄 발행일 | 2022년 12월 1일

지은이 | 정완상
펴낸이 | 정은영
펴낸곳 | (주)자음과모음

출판등록 | 2001년 11월 28일 제2001-000259호
주소 | 10881 경기도 파주시 회동길 325-20
전화 | 편집부 (02)324 - 2347, 총무부 (02)325 - 6047
팩스 | 편집부 (02)324 - 2348, 총무부 (02)2648 - 1311
e-mail | jamoteen@jamobook.com

ISBN 978 - 89 - 544 - 1389 - 3 (04470)

과학공화국 생물법정

생물법정

4 인체

정완상(국립 경상대학교 교수) 지음

|주|자음과모음

생활 속에서 배우는 기상천외한 과학 수업

생물과 법정, 이 두 가지는 전혀 어울리지 않는 소재들입니다. 그리고 여러분에게 제일 어렵게 느껴지는 말들이기도 하지요. 그럼에도 불구하고 이 책의 제목에는 분명 '생물법정'이라는 말이 들어 있습니다. 그렇다고 이 책의 내용이 아주 어려울 거라고 생각하지는 마세요.

저는 법률과는 무관한 과학을 공부하는 사람입니다. 하지만 '법정'이라고 제목을 붙인 데에는 이유가 있습니다.

이 책은 우리의 생활 속에서 일어나는 여러 가지 재미있는 사건을 다루고 있습니다. 그리고 과학적인 원리를 이용해 사건들을 차근차근 해결해 나간답니다. 그런데 크고 작은 사건들의 옳고 그름을 판단하기 위한 무대가 필요했습니다. 바로 그 무대로 법정이 생겨나게 되었답니다.

왜 하필 법정이냐고요? 요즘에는 〈솔로몬의 선택〉을 비롯하여 생활 속에서 일어나는 사건들을 법률을 통해 재미있게 풀어 보는 텔레비전 프로그램들이 많습니다. 그리고 그 프로그램들이 재미없다고 느껴지지도 않을 겁니다. 사건에 등장하는 인물들이 우스꽝스럽고, 사건을 해결하는 과정도 흥미진진하기 때문입니다. 〈솔로몬의 선택〉이 법률 상식을 쉽고 재미있게 얘기하듯이, 이 책은 여러분의 생물 공부를 쉽고 재미있게 해 줄 것입니다.

여러분은 이 책을 읽고 나서 자신의 달라진 모습에 놀랄 겁니다. 과학에 대한 두려움이 싹 가시고, 새로운 문제에 대해 과학적인 호기심을 보이게 될 테니까요. 물론 여러분의 과학 성적도 쑥쑥 올라가겠죠.

끝으로 이 책을 쓰는 데 도움을 준 (주)자음과 모음의 강병철 사장님과 모든 식구들에게 감사를 드리며 스토리 작업에 참여해 주말도 없이 함께 일해 준 이나리, 조민경, 김미영, 도시은, 윤소연, 정황희, 손소희 양에게 감사를 드립니다.

진주에서
정완상

목차

판사

생치 변호사

비오 변호사

생물법정의 탄생

태양계의 세 번째 행성인 지구에 과학공화국이라고 부르는 나라가 있었다. 이 나라는 과학을 좋아하는 사람이 모여 살고 인근에는 음악을 사랑하는 사람들이 살고 있는 뮤지오 왕국과 미술을 사랑하는 사람들이 사는 아티오 왕국 또한 공업을 장려하는 공업공화국 등 여러 나라가 있었다.

과학공화국 사람들은 다른 나라 사람들에 비해 과학을 좋아했지만 과학의 범위가 넓어 어떤 사람은 물리를 좋아하는 반면 또 어떤 사람은 반대로 생물을 좋아하기도 하고 그랬다.

특히 다른 모든 과학 중에서 주위의 동물과 식물을 관찰할 수 있는 생물의 경우 과학공화국의 명성에 맞지 않게 국민들의 수준이 그리 높은 편은 아니었다. 그리하여 농업공화국의 아이들과 과학공화국의 아이들이 생물 시험을 치르면 오히려 농업공화국 아이들의 점수가 더 높을 정도였다.

특히 최근 인터넷이 공화국 전체에 퍼지면서 게임에 중독된 과학공화국 아이들의 생물 실력은 기준 이하로 떨어졌다. 그것은 직접 동식물을 기르지 않고 인터넷을 통해 동식물의 모습을 보기 때문이었다. 그러다 보니 생물 과외나 학원이 성행하게 되었고 그런 와중에 아이들에게 엉터리 내용을 가르치는 무자격 교사들도 우후죽순 나타나기 시작했다.

생물은 일상생활의 여러 문제에서 만나게 되는데 과학공화국 국민들의 생물에 대한 이해가 떨어지면서 곳곳에서 분쟁이 끊이지 않았다. 그리하여 과학공화국의 박과학 대통령은 장관들과 이 문제를 논의하기 위해 회의를 열었다.

"최근의 생물 분쟁을 어떻게 처리하면 좋겠소?"

대통령이 힘없이 말을 꺼냈다.

"헌법에 생물 부분을 좀 추가하면 어떨까요?"

법무부 장관이 자신있게 말했다.

"좀 약하지 않을까?"

대통령이 못마땅한 듯이 대답했다.

"그럼 생물학으로 판결을 내리는 새로운 법정을 만들면 어떨까요?"

생물부 장관이 말했다.

"바로 그거야. 과학공화국답게 그런 법정이 있어야지. 그래, 생물법정을 만들면 되는 거야. 그리고 그 법정에서의 판례들을 신문에 게재하면 사람들이 더 이상 다투지 않고 자신의 잘못을 인정할 수 있을 거야."

대통령은 입을 환하게 벌리고 흡족해했다.

"그럼 국회에서 새로운 생물법을 만들어야 하지 않습니까?"

법무부 장관이 약간 불만족스러운 듯한 표정으로 말했다.

"생물은 우리가 직접 관찰할 수 있습니다. 누가 관찰하건 간에 같은 구조를 보게 되는 것이 생물이죠. 그러므로 생물법정에서는 새로운 법을 만들 필요가 없습니다. 혹시 새로운 생물 이론이 나온 다면 모를까……."

생물부 장관이 법무부 장관의 말을 반박했다.

"그래, 나도 생물을 좋아하지만 생물의 구조는 참 신비해."

대통령은 생물법정을 벌써 확정 짓는 것 같았다. 이렇게 해서 과학공화국에는 생물학적으로 판결하는 생물법정이 만들어지게 되었다.

초대 생물법정의 판사는 생물에 대한 책을 많이 쓴 생물짱 박사가 맡게 되었다. 그리고 두 명의 변호사를 선발했는데 한 사람은 생물학과를 졸업했지만 생물에 대해 그리 깊게 알지 못하는 생치라는 이름을 가진 40대였고, 다른 한 변호사는 어릴 때부터 생물박사 소리를 듣던 생물학 천재인 비오였다.

이렇게 해서 과학공화국의 사람들 사이에서 벌어지는 생물과 관련된 많은 사건들이 생물법정의 판결을 통해 깨끗하게 마무리될 수 있었다.

제1장

소화에 관한 사건

밥만 먹어도 달아요

맨밥이 어떻게 단맛을 낼까요? 침 속에 무슨 비밀이 숨어 있을까요?

사건속으로

최근에 과학공화국에는 크고 으리으리한 식당이 하나 생겼다. 그 식당은 한끼니 씨가 운영하는 밥 조아 가든이었다. 식당이 처음 문을 열기 일주일 전, 식당 앞에는 커다란 플래카드가 걸렸다. '과학공화국에서 가장 달짝지근한 밥맛을 자랑합니다.' 사람들은 너도나도 그 맛있는 밥이 궁금해지기 시작했다.

"아니, 밥이 맛있으면 얼마나 맛있다고 밥을 광고한대?"

"내가 듣자 하니 이 식당 사장만이 알고 있는 특별한 비법이 있다는구먼 그래."

특히 과학공화국의 알아주는 미식가인 고밥심 씨는 그 맛있다는 밥맛이 궁금해 식당이 문을 열기도 전에 식당 앞을 기웃거리곤 했다.

"도대체 어떤 비법을 쓰기에 밥맛이 좋다고 저렇게 광고를 하는 거야? 아유…… 궁금해 죽겠네."

그는 하루하루 달력에 표시를 하며 밥조아 가든의 개업일을 손꼽아 기다렸다. 드디어 기다리고 기다리던 일주일이 지나고 식당이 개업을 하자 사람들은 너도나도 앞 다투어 식당으로 들어섰다. 고밥심 씨도 식당 문이 열리기가 무섭게 자리를 차지하고 앉았다. 한끼니 씨는 흐뭇한 표정으로 손님들을 바라보며 음식을 나르기 시작했다. 손님들이 기대에 부푼 모습으로 한끼니 씨를 바라보고 마침내 준비했던 음식이 나왔다. 하지만 식탁 위에 놓인 건 달랑 맨밥에 간장 한 종지뿐이었다. 사람들은 당황하여 어수선해지기 시작했다. 고밥심 씨는 설마 하는 표정으로 밥을 한 술 떠서 먹어 보았다. 그리곤 곧 탁, 하는 소리와 함께 수저를 놓으며 어이가 없다는 표정으로 한끼니 씨를 불렀다.

"주방장! 주인장! 이봐요!"

"네네…… 손님, 부르셨습니까?"

"아니, 이봐요! 장사를 하겠다는 거예요, 말겠다는 거예요? 어떻게 이게 달짝지근한 밥이라는 거죠?"

고밥심 씨가 따지자 다른 사람들도 밥을 먹어 보고는 여기저기에서 술렁이기 시작했다.

"맞아. 이건 그냥 맨밥이잖아?"

한끼니 씨가 단호하게 말했다.

"맨밥이라뇨? 그런 섭섭한 말씀을…… 틀림없는 달콤한 밥입니다요. 꼭꼭 씹어서 한 번 드셔 보세요."

고밥심 씨는 답답한지 가슴을 주먹으로 치며 말했다.

"나 원 참, 밥은 그렇다고 쳐요. 다른 반찬은? 달든 짜든 반찬이 있어야 밥을 먹을 거 아니요."

옆에 있던 다른 손님들이 거들었다.

"맞아요. 반찬은 몰라도 일단 최소한 국이라도 줘야 하는 거 아니에요?"

"모르시는 말씀입니다, 손님. 국은 소화의 적이에요, 적. 절대 드릴 수 없습니다."

이번에도 한끼니 씨의 단호한 거절에 고밥심 씨는 그만 머리끝까지 화가 치밀었다. 다른 사람들도 기분 나쁘다는 듯 밥은 손도 대지 않은 채 일어나 나가 버렸다. 몇몇 손님들은 환불을 요구하고 나섰다. 하지만 한끼니 씨는 자신은 거짓말을 한 적이 없다며 일단 나간 밥은 환불이 안 된다고만 하였다. 그래서 고밥심 씨와 몇 명의 손님들은 밥조아 가든과 한끼니 씨를 사기죄로 생물법정에 고소하였다.

과학공화국
생물법정 4

입에 탄수화물이 들어오면 침 속의 아밀라아제라는 소화 효소가
커다란 탄수화물 덩어리를 작은 포도당으로 바꾸어 주지요.
이 포도당이 단맛을 내는 것이지요.

정말로 밥만 먹으면 단맛이 나는 걸까요?
생물법정에서 알아봅시다.

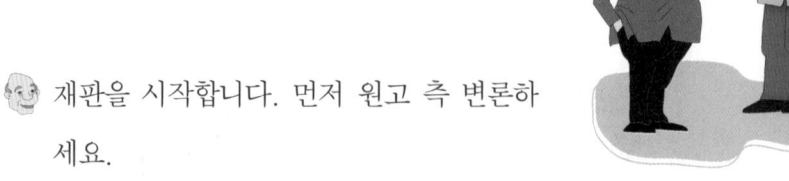

재판을 시작합니다. 먼저 원고 측 변론하세요.

존경하는 재판장님, 뭐 이런 밥맛없는 식당이 다 있답니까?

원고 측 변호사는 말을 가려서 쓰세요.

왜 만날 나만 뭐라 그러는지 몰라. 첫, 아무튼 맨밥 하나 달랑 줄 거였으면서 허위, 과대광고로 원고인들을 골탕 먹였으니 피고 한끼닌지 두끼닌지 씨는 벌을 받아 마땅하다니간요.

변호인은 피고의 이름도 모릅니까?

그게 뭐가 중요해요? 그냥 판결만 나면 되는 거지.

으휴…… 내가 못 살아. 피고 측 변호사 변론하세요.

우리쌀 연구소장인 한가마 소장을 증인으로 요청합니다.

개량 한복을 입은 덩치가 큰 노인 한 명이 증인석으로 들  어왔다.

증인에 대한 간단한 소개 부탁드립니다.

과학공화국
생물법정 4

늘 최고의 밥맛만을 고집하는 우리쌀 연구소의 소장 한가마요. 밥에 관해서라면 최고의 전문가지요. 허허……

자, 그럼 증인에게 묻겠습니다. 증인은 달콤한 밥에 대한 말을 들어 본 적이 있습니까?

당연히 들어 본 적이 있지요. 사람들은 잘 모르지만 우리가 늘 먹는 쌀밥은 원래 다…… 달콤하다오. 허허……

놀라운 사실이로군요. 밥이 원래 달콤하다니! 밥은 어떤 성분으로 이루어져 있죠?

밥은 탄수화물입니다. 탄수화물은 단백질, 지방과 함께 우리 몸에 꼭 필요한 3대 영양소 중의 하나입니다. 그중 탄수화물은 산소와 수소, 탄소의 화합물로 이루어져 있습니다.

그렇군요. 그럼 쌀밥에 단맛이 나는 성분이 있나요?

그건 아니지요.

그렇다면 밥을 먹는 우리는 왜 단맛을 느끼죠?

그건 침 때문입니다.

밥과 침이 서로 닿으면 단맛이 난다는 말인가요?

네, 맞습니다. 우리가 밥을 먹으면 탄수화물이 입으로 들어가지요. 그런데 입에서는 침이 일차적으로 소화 작용을 합니다. 입에 탄수화물이 들어오면 침 속에 있는 아밀라아제라는 소화 효소가 커다란 탄수화물 덩어리를 아주 작은 포도당으로 바꾸어 주지요. 바로 이 포도당이 단맛을 내는 것이지요.

아하! 그래서 우리가 영양실조에 걸려 입원하면 포도당 주사를 맞는군요.

그렇습니다. 소화를 시키기 힘든 환자에게는 포도당을 직접 몸속에 넣어 주는 방법을 사용하지요.

좋아요. 그렇다면 피고가 주장한 국에 대해서 물어보죠. 소화에 있어서 국은 어떤 역할을 하나요?

국은 소화의 적입니다.

그건 왜죠?

국에 말아 먹으면 입 안에서의 소화가 잘 이루어지지 않은 채 위로 음식물이 보내지기 때문이지요.

그럼 위가 소화를 시키면 되잖아요?

역할 분담이라는 게 있죠.

갑자기 무슨 말이죠?

침이 어느 정도 소화 작용을 하고 위로 보내 줘야 위도 소화를 시키지 그저 성급하게 모든 음식물을 위로 보내면 위가 어찌 다 소화시키겠습니까?

그렇군요. 그렇다면 게임은 끝난 것 같군요. 안 그렇습니까? 판사님!

판결합니다. 일단 밥과 같은 탄수화물만으로 단맛을 낼 수

포도당

우리의 뇌는 오직 포도당을 에너지원으로 이용한다. 물론 뇌를 구성하는 것은 단백질과 지방 등 다른 신체 부위와 같으나, 뇌의 생명력을 유지시켜 주는 것은 포도당뿐이다. 포도당은 주로 단것에 많이 들어 있다고 생각하면 쉽다. 그러나 사탕이나 음료, 과일의 단맛에 있는 포도당은 뇌의 에너지원으로 이용되지 않는다. 그렇다면 뇌가 원하는 포도당은 무엇일가? 옜, 흰쌀밥, 흰빵 그리고 삶은 감자 등에 열을 가하면 얻을 수 있는 것을 다당류라고 하며 이때의 포도당을 뇌는 에너지원으로 사용한다.

과학공화국
생물법정 4

있다는 피고 측 증인의 논리는 이해가 갑니다. 하지만 사람이 밥심만 갖고 살 수 있나요? 그랬다면 왜 과거로부터 밥만 먹지 않고 철마다 다른 반찬을 놓아 밥상을 차렸겠습니까? 그건 아마 밥에 부족한 영양소를 다른 음식을 통해 채워야 하기 때문이라고 생각합니다. 그러므로 밥조아 가든은 앞으로 밥과 반찬을 제공하되 사람이 필요로 하는 영양소가 골고루 채워질 수 있게 반찬을 개발할 것을 명령합니다.

사랑니 보험

모든 사람들에게 사랑니가 나는 걸까요?

사건속으로

요즘 과학공화국 럽미시에서는 시장 선거가 한창
이었다. 많은 후보들이 있었지만 그중에서도 환한
미소당의 김건치 씨와 뭔가구리당의 안구리 씨가
마지막까지 불꽃 튀는 접전을 보이고 있었다. 하지만 시간이 지날
수록 뭔가구리당의 안구리 씨는 늘 퉁명스러운 표정 때문인지 시
민들에게 별로 호감을 얻지 못했다. 반면 환한미소당의 김건치 씨
는 특유의 유들유들한 성격과 그의 최대 장점인 새하얀 이를 드러
내 보이며 웃는 밝은 얼굴로 모든 사람들을 기분 좋게 하는 인상을
가지고 있어 사람들의 마음을 녹였다. 드디어 다가온 선거일, 압도

적인 표 차이로 김건치 씨가 시장으로 당선되었다. 그리고 그의 새로운 공약 사업이 시작되었다. 김건치 시장은 누구보다 건강한 치아로 다른 사람들에게 훌륭한 인상을 주었던 자신의 이미지를 살릴 공약을 생각해 보았다.

"흠……, 어떤 제도를 만들어야 시민들이 나를 훌륭한 시장으로 생각해 주려나. 이것 참 고민이군."

그때 마침 그의 아내 양내조 씨가 얼굴을 잔뜩 찌푸린 채 손으로 양 볼을 감싸 쥐고는 그에게 다가오며 말했다.

"아야야…… 스읍…… 여보, 저 치과에 좀 가야겠어요. 사랑니가 또 말썽이네."

순간 김건치 시장의 눈빛이 반짝였다.

"그래! 그거야! 내가 왜 그 생각을 못했을까?"

"이이가 정말.지금 누군 치통 때문에 골치가 다 아픈데 무슨 자다가 남의 다리 긁는 소리 하는 거예요?"

아내가 아픈데 딴소리를 하는 남편이 야속해 양내조 씨가 핀잔을 주었다. 하지만 그것도 개의치 않은 채 김건치 시장은 자신의 아이디어를 말하기에 바빴다.

"나처럼 건강한 치아와 미소를 사람들에게도 만들어 줄 수 있는 방법이 생각났다고!"

그러자 그의 아내가 아픈 사랑니도 잊은 채 눈이 휘둥그레져 물었다.

"그게 뭔데요?"

"바로 '이사랑내사랑 의료보험' 이야."

"이사랑내사랑 의료보험?"

김건치 씨는 자리에서 벌떡 일어서며 말했다.

"사람들은 누구나 사랑니가 날 때마다 대부분이 고통스러워하지만 치료 받을 여건이 되지 않아서 참고 참다가 병을 더 키운 게 되거든. 나처럼 환한 미소는커녕 얼굴을 더 찌푸리게만 되는 거지. 난 그런 사람들을 위해 이 제도를 만들 거야."

양내조 씨가 고개를 끄덕이며 말을 이었다.

"그거 괜찮은 아이디어인걸요? 호호…… 이 의료보험을 널리 의무화하면 부드럽고 좋은 당신 이미지를 강조할 수도 있고 동시에 시민들의 골칫거리인 사랑니를 치료하는 데에 있어 부담을 줄일 수도 있는 좋은 제도가 될 거예요."

김건치 씨는 모든 사람이 자신과 같은 건강한 치아를 가질 수 있게 하면 된다고 생각하니 절로 웃음이 나왔다. 그리하여 그의 시장 당선 이후 첫 사업이 공개되었다. 하지만 거창했던 의도와는 다르게 사람들의 반응은 신통치 않았다.

이듬성 할머니가 퉁명스럽게 말했다.

"우리같이 사랑니를 애초에 뽑아 버린 사람들은 괜히 보험료만 오른 거잖여……."

"저는 사랑니가 원래부터 없었다고 하더라고요. 그럼 저도 보험

혜택하고는 거리가 먼 거 맞죠?"

이엄지 양의 푸념이었다. 이렇게 일단 의료보험 부담이 늘어나게 되어 가난한 평민들의 원성이 높아져 갔고 이엄지 양과 같이 사랑니가 원래 안 나는 사람들의 경우에는 의료보험료 납부 거부 운동까지 벌이고 나섰다. 시민들의 불만은 나날이 높아져 결국 김건치 시장을 생물법정에 의뢰하기에 이르렀다.

젖니가 빠지면 32개의 영구치가 나오는데 이 영구치는 평생 가는 치아입니다. 사랑니는 마지막으로 나오는 치아이며 위아래 좌우로 4개가 나게 됩니다. 이 사랑니가 안 나는 사람은 전 세계 인구의 7퍼센트 정도입니다.

과학공화국
생물법정 4

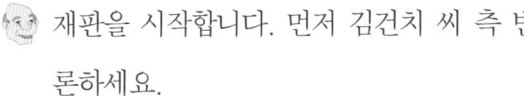

여기는 생물법정

사랑니는 모든 사람들이 다 예외 없이
나는 걸까요?
생물법정에서 알아봅시다.

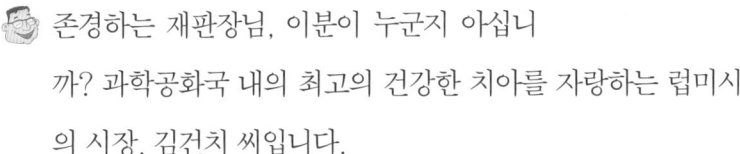

🧑‍⚖️ 재판을 시작합니다. 먼저 김건치 씨 측 변론하세요.

🧑 존경하는 재판장님, 이분이 누군지 아십니까? 과학공화국 내의 최고의 건강한 치아를 자랑하는 럽미시의 시장, 김건치 씨입니다.

🧑‍⚖️ 그래서 어쩌란 말입니까?

🧑 어쩌라니요? 더 이상 볼 것도 없죠. 누구보다도 시민들의 건강한 치아를 위해 힘쓰고 있는 피고를 이 법정에 세운다는 것은 있을 수 없는 일입니다!

🧑‍⚖️ 지금은 피고의 업적과 인품에 대해서 이야기할 상황이 아닌 것 같은데요. 변호인은 좀 타당한 근거를 들어 피고의 입장을 정리해 주세요.

🧑 제가 조사해 본 바로 보면 저희 집 식구들을 비롯해서 옆집, 앞집, 뒷집, 건넛집까지 모두 사랑니가 났다고 합니다. 이 세상에 사랑니가 안 나는 사람이 어디 있습니까?

🧑‍⚖️ 헛! 참…… 어이없는 변론은 그만하시고 원고 측 변호사 변론하세요.

저희는 금니 치과의 원장이신 최금니 씨를 증인으로 요청합
니다.

훌쩍 큰 키에 도도한 걸음으로 한 여의사가 걸어 들어왔다.
그녀가 입을 열자 주위가 번쩍이며 빛이 났다. 놀랍게도 그
여의사는 치아가 온통 금니로 되어 있었다.

증인에게 묻겠습니다. 치아는 어떤 역할을 하지요?

음식물이 입으로 들어오면 우선 이가 공격을 합니다. 이의 공
격으로 음식물은 잘게 부서지지요. 이는 여러 종류가 있는데
그 역할이 달라요. 앞니는 음식물을 자르거나 끊는 역할을 하
고 뾰족한 송곳니는 음식물을 찢는 역할을 하고 어금니는 맷
돌처럼 음식물을 잘게 으깨는 역할을 하지요.

그렇군요. 그럼 사람은 보통 언제 치아가 납니까?

보통 사람의 치아는 태어난 후 7개월부터 나기 시작하죠. 그
때에 처음 나는 이를 젖니라고 하고 세 살 정도에 대략 20개
의 젖니가 납니다.

그럼 그 젖니로 평생 동안 살아가는 건가요?

아니죠. 젖니는 여섯 살쯤 되면 다 빠지고 32개의 영구치가
나오는데 이 영구치가 평생 가는 치아예요. 사랑니는 마지막
으로 나오는 치아이며 위아래 좌우로 4개가 나죠.

그렇군요. 그럼 사랑니가 나지 않는다고 주장하는 사람들에 대한 의견은 어떠신지요?

저희 기관에서 조사한 바로는 사랑니가 안 나는 사람은 전 세계 인구의 7퍼센트 정도이고 사랑니가 4개 모두 나는 사람은 60퍼센트 정도입니다.

그렇군요. 사랑니가 안 나는 사람도 있군요. 나는 사랑니 뽑느라고 네 번이나 고생했는데. 존경하는 재판장님, 제도란 모든 사람에게 공평해야 합니다. 그런데 이번 제도는 사랑니가 안 나는 사람도 보험료를 내야 하는 불공평한 점이 있습니다. 그러므로 이 제도는 당장 시행을 중지할 것을 주장합니다.

 사랑니

> 사랑을 느낄 만한 나이인 20세 전후에 나기 시작하여 사랑니라는 이름이 붙었다고 알려져 있으며, 상하좌우에 1개씩 총 4개이다. 현대인들은 진화하면서 턱뼈의 크기가 작아져서 사랑니가 원래 위치에 나기 힘들기 때문에 잇몸 속에 묻혀 있는 경우가 많아 사랑니가 나거나 뽑을 때 몹시 아프다. 약 7%의 사람은 사랑니가 나지 않는다.

같은 생각입니다. 사랑니도 안 나는데 의무적으로 보험료를 내다니요? 그건 말이 안 되지요. 앞으로 김건치 시장은 쪼잔하게 사랑니로 시민들의 마음을 사로잡을 생각하지 말고 좀 더 시민들의 건강을 위해 필요한 사업을 벌이기를 바랍니다.

쓸개 없는 노루

노루는 왜 쓸개가 없을까요?

사건속으로

"뭐라고요? 오늘도 없어요?"

지똑똑 학생은 미치고 팔짝 뛸 노릇이었다. 벌써
며칠째 주문해 놓은 해부용 동물이 오지 않고 있는
것이었다. 오늘까지는 꼭 해부용 동물을 잡아다 주겠다던 김수렵
씨는 면목이 없었다.

"아니, 요새 날이 쌀쌀해져서인지 동물들이 통 안 뵈더란 말입
죠. 네. 쩝……."

지똑똑 학생은 과학공화국 최고 명문 대학인 얼렁뚱땅 대학의
수의과 대학생으로 얼마 후면 있을 기말고사에 대비하여 동물의

소화 기관에 대해 알아보기 위해 해부 실습용 동물을 사서 해부를 해 보기로 결심했다. 그런데 과학공화국에서는 야생동물을 보호하기 위해 잡을 수 있는 면허를 발급 받은 사람만이 야생동물의 숫자를 제한해 잡을 수 있도록 하고 있었다. 그래서 지똑똑 학생은 야생동물 사냥 면허가 있는 김수렵 씨에게 열흘 전쯤 거금을 주고 의뢰를 했었다. 하지만 열흘이 넘도록 감감무소식, 이제는 일주일도 채 남지 않은 시험일이 지똑똑 학생을 압박해 왔다. 계속 김수렵 씨만 믿고 있다가는 동물 해부는커녕 구경도 한 번 해 보지 못하고 시험장으로 가야 되겠다는 생각이 스쳐 지나갔다. 내일부터는 자신이 스스로 동네 뒷산에 새총이라도 들고 나서야겠다고 생각하는 지똑똑 학생이었다. 그때 전화벨이 울렸다.

따르르릉…….

"여보세요."

"잡았습니다. 잡았어요! 아직 어리긴 하지만 튼실한 노루로 한 마리 잡았으니 이 정도면 실습용으로는 충분할 겁니다."

"정말인가요? 감사합니다. 감사합니다! 지금 바로 가겠습니다."

지똑똑 학생은 날듯이 김수렵 씨 집으로 가서 노루를 받아 해부 실습실로 가지고 왔다.

"노루야, 미안하지만 다른 수많은 동물들을 위해서 너를 해부해야겠다. 부디 좋은 곳으로 가거라."

노루를 위한 묵념을 잠시 한 후에 지똑똑 학생은 수업 시간에 배운 대로 노루를 해부하고 각각의 장기의 위치를 조사하고 배운 내용과 비교해 보며 열심히 실습을 했다. 그러던 중 노루의 쓸개가 없다는 것을 발견했다.

"어? 이상하네. 왜 쓸개가 없지? 아직 어려서 그런가? 그럴 리가 없는데……."

아무리 내장 기관을 찾아봐도 쓸개를 찾을 수 없자 지똑똑 학생의 뇌리에 한 가지 생각이 스쳐 지나갔다.

'혹시 김수렵 씨가 슬쩍?'

안 그래도 요즘 과학공화국에서는 불법 밀렵에 몸보신용으로 각종 동물들의 쓸개를 빼돌리는 밀렵꾼이 있다는 흉흉한 소문이 돌고 있었다. 지똑똑은 한 번 의심을 품자 이상한 생각이 꼬리에 꼬리를 물고 올라오기 시작했다.

"그래, 참 이상한 일이지, 아마추어도 아니고 전문 사냥꾼인 김수렵 씨가 열흘이나 늦게 노루를 잡아다가 줄 리가 없잖아? 뭔가 냄새가 나는데……."

지똑똑 학생은 경찰에 수사를 의뢰하였고, 이 소식을 듣게 된 김수렵 씨는 오히려 지똑똑 학생을 명예훼손이라며 고소하게 되면서 이 사건은 생물법정에 올라가게 되었다.

노루는 지방을 섭취하지 않으므로 지방의 소화를 돕는 쓸개즙의 효용성이 그다지 크지 않습니다. 또한 노루는 온종일 풀을 뜯으며 생활하기 때문에 섭취한 음식물을 위에서 작은창자로 조금씩 지속적으로 내려보내므로 쓸개즙을 쓸개에 모았다가 일시에 분비할 필요없이 쓸개즙이 수시로 작은창자로 배출됩니다. 그래서 쓸개가 퇴화되어 사라진 것이지요.

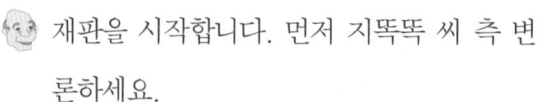

노루의 쓸개는 과연 어디로 사라진 걸까요?
생물법정에서 알아봅시다.

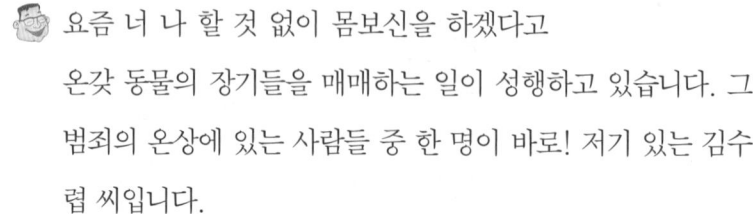

재판을 시작합니다. 먼저 지똑똑 씨 측 변론하세요.

요즘 너 나 할 것 없이 몸보신을 하겠다고 온갖 동물의 장기들을 매매하는 일이 성행하고 있습니다. 그 범죄의 온상에 있는 사람들 중 한 명이 바로! 저기 있는 김수렵 씨입니다.

이봐요, 생치 변호사.

파렴치하게도 본인이 행한 범죄를 뉘우치기는커녕 선량한 지똑똑 학생을 명예훼손으로 고발하기까지! 재판장님, 저런 사람은 재판을 할 것도 없이 그냥 확…….

생치 변호사!

네?

한 번만 더 근거 없는 변론만 늘어놓는다면 변호사고 뭐고 없이 바로 퇴장인 줄 아시오.

……네.

어흠, 흠. 피고 측 변론하세요.

저희는 해부학 박사이신 조해부 씨를 증인으로 요청합니다.

두개골 모형을 품에 소중히 안은 채 덥수룩하게 긴 머리의
조해부 박사가 증인석에 올랐다.

🙂 증인은 해부학 강의를 몇 년째 해 오고 있죠?

🙂 20년 정도 했지요. 저기 앉은 지똑똑 학생도 제 수업을 듣고
있습니다. 과제도 제가 내어 주었고요.

🙂 그렇군요. 그럼 이 사건의 발단인 쓸개에 대해서 먼저 묻겠습
니다. 쓸개는 어떤 역할을 하지요?

🙂 쓸개는 간에서 만들어진 쓸개즙을 보관하는 곳입니다.

🙂 쓸개즙은 어떤 역할을 하는데요?

🙂 쓸개즙은 큰 지방 덩어리를 작은 지방 덩어리로 만들어서 지
방의 소화를 도와줍니다.

🙂 그럼 왜 지똑똑 군이 해부한 노루는 쓸
개가 없지요? 누군가 쓸개만 빼내고 다
시 몸을 꿰매 놓은 건가요?

🙂 그렇지 않아요. 노루는 원래 쓸개가 없
어요.

🙂 쓸개가 없는 동물이 어딨습니까?

🙂 노루가 있잖아요?

🙂 정말입니까?

🙂 네.

초식동물과 쓸개

초식동물은 쓸개가 없는 경우가 많
다. 그 이유는 정확히 밝혀진 것이
없으나, 몇 가지 가능성을 생각해
보면, 우선 야생에서 풀을 뜯어먹고
사는 초식동물은 지방 성분이 들어
있는 음식물을 섭취할 일이 거의 없
다. 또한 초식동물은 하루 종일 풀
을 뜯으며 생활하기 때문에 섭취한
음식물도 위에서 작은창자로 조금
씩 지속적으로 내려가므로 쓸개의
역할이 쓸모없어져 퇴화된 것이라
고 보는 견해가 많다.

왜 없는 거죠?

노루는 지방을 섭취하지 않으므로 쓸개즙의 효용성이 그다지 크지 않습니다. 또한 노루는 온종일 풀을 뜯어먹기 때문에 섭취한 음식물을 위에서 작은창자로 조금씩 지속적으로 내려보냅니다. 따라서 쓸개즙을 슬개에 모았다가 일시에 분비할 필요가 없으므로 쓸개가 퇴화되어 사라진 거죠. 그러니 지금 여러분들은 있지도 않은 쓸개가 없어졌다고 난리를 치는 겁니다.

정말 우리가 한심했군요.

뭐요? 이런 걸 재판에 올리다니! 우리 생물법정이 해결해야 할 사건이 얼마나 많은데 이런 걸로 시간을 낭비하게 하다니요. 앞으로 의사들은 동물과 인간의 차이점에 대해서 특히 초식동물과 인간의 차이점에 대해 알아 둘 필요가 있을 것 같군요. 만일 사람의 위를 연구한다고 소의 위를 해부해 보면 사람의 위는 한 개이지만 되새김질을 하는 소의 위는 네 개여서 비교를 할 수 없잖아요? 물론 제일 좋은 방법은 사람을 해부해 보는 것이지만 그것이 여의치 않다면 사람과 비슷한 몸 구조를 가진 동물로 해부 공부를 하는 것이 좋을 것 같습니다.

먼뒤깐 마을의 대형 요강

화장실 냄새의 주범 따블유 씨는 과연 무엇을 먹었을까요?

과학공화국 가장 변두리에 있는 조용하고 작은 마을 먼뒤깐 마을에는 화장실이 마을에서 멀리 떨어진 곳에 하나밖에 없어서 매일매일 화장실로 다급하게 달려가는 사람들을 쉽게 볼 수 있었다. 그 이유인즉슨 만든 지 3000년이 지난 고대 화장실이 국가에서 천연기념물로 지정되자 마을 전체에 브라운 벨트가 지정되어 주변 지역에 다른 화장실을 짓지 못하도록 법으로 정해져 버린 것이다.

"이거 매일 화장실 전쟁이구만 그래."

"아무리 천연기념물이라고 해도 그렇지 마을 전체가 화장실을 하나만 쓴다는 게 말이 안 되지 않아요?"

사람들은 마을에서 가장 현명한 어르신인 양변기 노인을 찾아가서 하소연하곤 하였다. 양변기 노인은 사람들의 고충을 듣고는 나름대로 묘안을 짜 내어 화장실까지 가지 못할 정도로 급한 사정의 사람들을 위해 마을 중앙에 커다란 공동 요강을 설치했다. 칸막이로 막혀 있고 가로세로 1미터쯤 되는 크기에 하루에 100명 정도가 소변을 보아도 넉넉한 사이즈라 사람들은 요강 덕에 멀리 있는 화장실까지 달려가지 않아도 되어 좋아했다. 모두들 요강을 소중히 다루었으며 한 달에 한 번씩 집집마다 돌아가면서 요강을 비우게끔 정해 놓았다.

"이 요강 덕에 한결 편해졌는걸?"

"그러게요. 이젠 우리 마을 명물이 됐어요. 호호호."

양변기 노인과 그 아내가 흐뭇하게 요강을 바라보았다.

그러던 어느 날 마을에 이웃 나라 스테끼 공화국에서 배낭여행을 온 따블유 씨가 먼뒤깐 마을에서 머무르게 되었다. 외국인을 구경하기가 흔치 않았던 먼뒤깐 마을에서는 큰 키와 금발에 푸른 눈, 높은 코의 따블유 씨는 금세 유명인사가 되어 구경꾼들이 몰려왔다.

"안뇽하쎄용? 처는 따블유라코 함미타."

그가 어색한 말로 인사를 하자 사람들은 신기해하며 그를 쳐다보았다. 그도 그런 시선이 싫지 않은 듯 사람들의 인사에 손을 흔들며 화답해 주었다. 하지만 따블유 씨가 이 마을에서 하나 마음에 들지 않아 하는 것이 있었다. 그것은 바로 채식위주의 먹을거리였다.

"웁…… 스, 여키 쌀람들은 어또케 풀만 머코 사는 고에요?"

따블유 씨가 머무르는 집에서는 식사를 제공해 주었지만 그는 고기, 그중에서도 스테이크를 너무 좋아해 이곳의 풀밭투성이인 반찬들이 마음에 들지 않았다. 그래서 그는 사냥을 해서 직접 잡은 고기를 구워 매일 스테이크를 먹었다.

그런데 그가 오고 나서는 요강에 전에는 나지 않던 고약한 악취가 나기 시작했다. 사람들은 처음에는 그 원인을 찾지 못해 요강을 깨끗이 씻어 보기도 하고 햇볕에 말려 살균 소독을 해 보기도 했지만 어김없이 요강이 차오르기만 하면 악취가 나는 것이었다. 사람들은 따블유 씨가 오고 나서부터 냄새가 심해졌다며 수군거리기 시작했다. 이제 사람들은 따블유 씨가 지나가면 반갑게 인사하지 않았다. 대신 따가운 눈총을 주며 수군거리고 손가락질했다. 설상가상으로 날씨까지 더워지자 요강의 악취는 온 동네에 퍼졌다.

마을 사람들은 더 이상은 참을 수 없다며 따블유 씨를 찾아가서 빨리 떠나 달라고 했다. 하지만 따블유 씨는 자신의 냄새가 아니라며 완강히 부인하였고 자칫 험악해진 분위기가 되자 마을 이장이 나서서 생물법정에 의뢰하게 되었다.

우리 몸에 필요한 영양소는 탄수화물, 단백질, 지방입니다.
이중에서 단백질이 분해되면 암모니아가 만들어집니다.
그런데 암모니아는 요소로 바뀌고, 이 요소가 오줌에
섞여 나오면서 나는 냄새가 바로 오줌 냄새입니다.

과학공화국
생물법정 4

여기는 생물법정

먼뒤깐 마을의 악취를 만들어 낸 범인은
누구일까요?

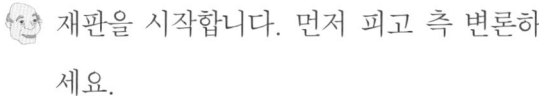

생물법정에서 알아봅시다.

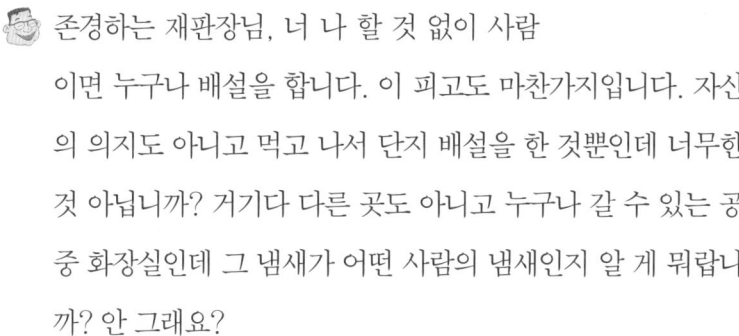

🧑‍⚖️ 재판을 시작합니다. 먼저 피고 측 변론하
세요.

😊 존경하는 재판장님, 너 나 할 것 없이 사람
이면 누구나 배설을 합니다. 이 피고도 마찬가지입니다. 자신
의 의지도 아니고 먹고 나서 단지 배설을 한 것뿐인데 너무한
것 아닙니까? 거기다 다른 곳도 아니고 누구나 갈 수 있는 공
중 화장실인데 그 냄새가 어떤 사람의 냄새인지 알 게 뭐랍니
까? 안 그래요?

🧑‍⚖️ 다음, 원고 측 변호인. 변론하세요.

😀 뚜러뻥 연구소의 변영식 연구원을 증인으로 요청합니다.

그러자 우락부락한 사내가 한 손에 변기 뚫는 기구를 손에
들고 구린내를 풍기며 증인석에 와서 앉았다.

😀 증인은 수년간 많은 사람들의 배설물을 보아 왔을 텐데요. 유
난히 냄새가 많이 나는 배설물과 그렇지 않은 배설물들도 보
게 되나요?

당연하지요. 어떤 사람이냐에 따라서 소변의 냄새도 천차만 별이거든요.

그렇다면 어떤 요인이 소변의 악취를 만들어 내는 건가요?

우리 몸에 필요한 영양소는 탄수화물, 단백질, 지방입니다. 이중에서 탄수화물과 지방은 분해되면 이산화탄소와 물을 만들어 냅니다.

그럼 단백질은요?

탄수화물과 지방이 산소, 수소, 탄소의 화합물인 반면 단백질은 산소, 탄소, 수소 , 질소의 화합물입니다.

질소가 더 들어 있군요. 그게 냄새와 무슨 관계가 있나요?

물론입니다. 단백질이 분해되면 물과 이산화탄소 외에 암모니아가 만들어지지요. 그런데 암모니아는 우리 몸에 해롭기 때문에 간에서 이것을 덜 해로운 요소로 바꾸어 주지요.

간이 참 좋은 일을 하는군요. 그럼 요소는 냄새가 안 나나요?

많이 나지요. 이 요소가 오줌에 섞여 나오면서 냄새를 내게 되는데 그게 속칭 찌린내라고 알려진 오줌 냄새입니다.

그럼 단백질을 많이 섭취할수록 소변에서 악취가 많이 나겠군요.

그렇지요.

재판장님, 여기에 마을 사람들 모두의 식단과 피고의 식단을 준비해 왔습니다.

과학공화국
생물법정 4

 오호…… 확실히 피고가 고기 섭취를 월등히 많이 했군.

그렇습니다.

그럼 판결은 명확해졌어요. 고기를 많이 먹어 단백질이 몸 안에 많아져 요소가 많이 만들어져 생긴 악취 아니겠어요? 그러니까 냄새의 주범은 따블유 씨가 맞습니다. 그러므로 따블유 씨는 둘 중 하나를 택할 수 있습니다. 당장 마을을 떠나든가 아니면 고기를 좀 덜 먹든가. 그건 따블유 씨에게 일임하겠습니다.

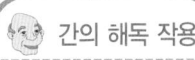
간의 해독 작용

간이 하는 여러 가지 역할 중 하나가 바로, 우리 몸에서 생성되거나 약물 등 외부로부터 들어오는 수많은 물질 중 체외로 배출되지 못하는 물질을 해독 작용을 거쳐 소변 또는 쓸개즙을 통해 배설시키는 것이다. 이러한 해독 과정이 없다면 약물과 해로운 물질이 체내에 쌓여 심한 부작용을 일으키게 되어 생명이 위험할 수도 있다.

위산에 위가 안 녹는다고요?

위를 보호해 주는 위 점막은 무슨 일을 할까요?

올해 대학 교수로 첫 발령을 받은 초보 생물학자 민생물 씨는 오늘도 연구에 연구를 거듭하며 과연 원래는 하얀색이었을지 의심스러울 만큼 더러워진 실험복을 더욱 더럽히고 있었다.

"가만 있자, 올챙이가 자라서 개구리가 되면, 그러니까……."

나름 연구를 열심히 하지만 늘 뭔가 어설픈 민생물 교수는 올해도 자신의 연구 업적을 세우기 위해 발로 뛰고 무작정 부딪히는 무 뎃포 정신으로 실험에 임하고 있었다.

"찾았다! 찾았어! 이봐 조교!"

그의 부름에 시큰둥한 표정의 나잘난 조교가 다가갔다.

"네, 부르셨어요? 교수님?"

"내가 알아냈어! 올챙이는 개구리가 되면서 꼬리가 퇴화되어 없어진다는 실험 결과를 얻어 냈다고!"

잠시 발을 헛디딘 듯 휘청거리며 멍한 표정으로 민생물 교수를 쳐다보던 나 조교는 힘겹게 말을 꺼냈다.

"저기, 교수님?"

"그래, 내 새로운 연구 결과가 그렇게 놀랍고 충격적인가?"

긴 한숨과 함께 나조교가 말을 이었다.

"그게 아니라요. 개구리를 한 번이라도 본 사람들은 그 사실을 이미 알고 있을 것 같은데 어쩌죠?"

그 순간 민생물 교수의 얼굴에 핏기가 가시며 곧 힘없이 고개를 떨구었다.

"그…… 그렇군! 내가 그 생각을 미처 못했네."

교수의 실망한 얼굴을 보며 조교가 명랑하게 위로의 말을 했다.

"힘내세요. 교수님! 제 생각에는 아무래도 양서류는 교수님 체질이 아닌가 봐요."

"그…… 그럴까?"

"그럼요. 이제 그만 포유류 쪽으로 컴백하세요, 호호."

금세 민생물 교수가 밝아진 얼굴로 벌떡 일어나 연구실로 향했다.

"하하하…… 그럼 다시 연구를 시작해 볼까?"

나 조교는 그런 교수님을 뒤에서 지켜보며 고개를 절레절레 저었다.

"우리 교수님 언제 철드시려나 몰라……."

다시 기운을 차리고 연구 서적을 열심히 뒤지기 시작한 민 교수는 문득 《위험한 인체》라는 책을 탐독하기 시작했다. 한참을 열심히 읽어 내려가던 중 우리 몸의 장기 중 위에 대한 설명이 나오자 그는 눈이 휘둥그레졌다. 책의 내용 중 위 속에는 강한 염산이 있어 모든 것을 녹인다는 부분을 발견한 것이다.

"이런 말도 안 되는……!"

그는 자리에서 벌떡 일어났다. 그러는 바람에 옆에 쌓여 있던 책들이 우두두 소리를 내며 쓰러졌지만 교수는 전혀 신경 쓰지 않았다.

"이건 말도 안 돼. 사람의 인체에서 그렇게 강한 산이 나온다는 게 말이 돼? 그럼 위도 녹을 거 아니야? 도대체 어떤 멍청한 녀석이 이런 책을 쓴 거지?"

그는 출판사에 전화해서 책에 있는 내용을 당장 정정해 달라고 요청했다. 하지만 민생물 교수의 의견은 완전히 무시되었고 교수는 생물법정에 고소를 하였다.

위산은 강한 염산이니까 음식물을 녹일 수 있어요.
그런데 위의 점막은 음식물과 위의 힘살 사이를 떼어 놓고
점막에서 점액질을 계속 분비하기 때문에
위벽이 위산과 만나는 것을 막아주어 위가 녹지 않지요.

여기는 생물법정

우리 몸에서 강한 산이 나온다는 게
사실일까요?
생물법정에서 알아봅시다.

🧑‍⚖️ 재판을 시작합니다. 먼저 민생물 씨 측 변
론하세요.

😎 이번 사건은 말입니다. 무조건 제가 이길
수밖에 없습니다. 헤헷······.

🧑‍⚖️ 무슨 법정에서 이기고 지고가 어디 있습니까?

😎 생각을 해 보세요, 생각을. 위에서 그렇게 강한 염산이 나온
다는 허무맹랑한 이야기를 누가 믿겠습니까? 그리고 고소를
하신 분이 그런 것들을 연구하는 교수님이니 오죽 잘 알고 있
겠어요. 푸핫.

🧑‍⚖️ 그······ 그렇긴 합니다만 변호인이 지금 여기서 혼자 키득거
리고 있을 때가 아닌 것 같은데?

😎 아차! 흠, 흠. 저는 이번 사건은 변론할 가치도 없으니 쉬도록
하겠습니다.

🧑‍⚖️ 어쩔 수 없군. 피고 측 변론하세요.

🧑 저희는 위 전문 의사인 조위장 씨를 증인으로 요청하는 바입
니다.

멀끔하게 생긴 40대 중반의 남자가 커다란 위장의 난면 모형을 힘겹게 끙끙거리며 들고는 증인석으로 향했다.

🙂 조위장 씨, 먼저 위에 대해 설명해 주시겠습니까?

😊 위는 윗부분이 크고 아랫부분이 작은 자루 모양의 소화 기관으로 크기는 자신의 신발 크기와 비슷하지요.

🙂 위 속에는 얼마나 많은 음식물이 들어가죠?

😊 사람마다 다르지만 보통 성인의 경우 1.5리터 정도의 음식물을 저장할 수 있어요. 위는 밥을 먹지 않았을 때는 쪼그라들어 주름이 져 있지만 밥을 먹으면 활짝 펴지지요. 하지만 너무 많이 먹으면 위가 다 저장할 수 없어요.

🙂 위에서 음식물은 어떻게 되지요?

😊 위는 이로 씹어서 듬성듬성하게 부서진 음식물을 꿈틀꿈틀 움직여 위액과 섞어 주지요. 음식물 알갱이가 1밀리미터보다 작은 묽은 죽이 될 때까지 말이에요. 밥을 먹으면 보통 2~3시간, 고기를 먹으면 3~4시간 정도 위 안에 머물러요. 그리고는 작은창자로 내보내 주지요. 작은창자로는 단번에 내려 보내는 것이 아니라 15~20초 사이를 두고 조금씩 내보내지요.

🙂 위는 어떤 모양으로 생겼지요?

😊 위벽에는 많은 주름이 있고, 주름 사이에 위액을 분비하는 위샘이 있어요. 위액은 위산과 소화 효소로 이루어져 있지요.

위산은 하루에 약 2리터 정도 나오지요. 위액 속에는 펩신이라는 소화 효소가 있어 단백질을 잘게 부숴 펩톤으로 만드는 역할을 하지요.

그럼 본론으로 들어가죠. 위산이 나오는데 왜 위는 안 녹는거죠?

위산은 강한 염산이니까 음식물을 녹일 수 있어요. 그런데 위산이 나와도 위가 안 녹는 것은 위의 안쪽에 점막이 있어서 그래요. 점막은 음식물과 위의 힘살 사이를 떼어 놓고 점막에서 점액질을 계속 분비하기 때문에 위벽이 위산과 만나는 것을 막아 주지요. 그래서 위가 산에 안 녹는 거예요.

그런 원리가 있었군요.

판결합니다. 아주 명쾌하게 위가 위산에 녹지 않는다는 것을 배울 수 있었습니다. 인체의 신비함 중의 하나를 보는 기분이었습니다. 아무튼 민생물 교수의 주장은 과학적 근거가 없는 것으로 결론을 내리겠습니다.

설사를 심하게 만든 식단

설사는 왜 일어나는 것일까요?

사건속으로

군인 출신인 최배탈 씨는 요즘 걱정이 이만저만이 아니었다. 하나뿐인 외아들 최약골 군이 매일 매일 친구들에게 맞고 다녔기 때문이다. 근육질의 듬직 한 덩치의 최배탈 씨와는 달리 약골 군은 어릴 때부터 작은 체구에 깡마른 몸매 때문에 기가 죽어 다녀서 최배탈 씨를 애타게 하였다. 너무 약한 아들 때문에 고민을 하던 배탈 씨는 결국 약골 군을 강 하게 키우기 위해서 호된 훈련으로 악명 높은 단단캠프에 일주일 동안 보내기로 결정하였다. 그런데 캠프를 가기로 한 당일에 때마 침 약골 군이 배탈이 나서 심한 설사를 하는 것이었다.

"아야야…… 아부지, 배가 너무 아파서 캠프에 못 가겠어요."

최배탈 씨는 마음이 아팠지만 오냐오냐 해서는 안 된다는 생각에 짐짓 모른 척하며 윽박질렀다.

"약한 소리 하지 마라! 사나이라면 그 정도는 참을 수 있어야지! 잔소리 말고 어서 캠프 갈 준비나 하자!"

최배탈 씨는 약국에서 설사약을 사서 아들에게 먹이고 나서 곧장 캠프장으로 출발했다. 아들을 캠프장으로 들여보낸 최배탈 씨는 아무래도 안심이 되지 않았던지 캠프장 교관들 중 한 명을 아들 몰래 살짝 불러냈다.

"우리 아들이 특히 몸이 약하고 이번에 배탈까지 나서 설사를 하니 특별히 잘 좀 부탁드립니다."

"예, 예…… 걱정 마세요."

붉은색 모자를 쓴 날카로운 인상의 조교림 교관이 귀찮다는 듯이 한 귀로 흘리며 대답했다. 기분이 조금 언짢아진 최배탈 씨는 다시 한 번 강조하여 말했다.

"설사를 하니 특히 먹는 음식에 신경을 좀 많이 써 주시길 바랍니다. 꼭 부탁드립니다."

조교림 교관이 최배탈 씨를 힐끔 쳐다보며 말했다.

"일단 저희에게 맡기시고 나면 걱정 마시고 마음 푹 놓고 기다리기만 하면 됩니다. 몸도 마음도 강하고 튼튼해진 아드님으로 만들어 드릴 테니 걱정 마세요."

불안한 마음으로 캠프장을 떠나는 최배탈 씨는 발길이 쉽게 떨어지지 않았다. 일주일 후, 약골 군이 캠프를 마치고 집으로 돌아왔다. 하지만 최배탈 씨의 기대와는 달리 최약골 군은 원래의 모습보다 더욱 앙상해진 몸에 얼굴에는 볼살이 빠져 광대뼈가 불쑥 드러나 보이기까지 했다. 아들의 이야기를 들어 보니 교관들은 약골 군에게 그다지 관심을 가져 주지도 않았을 뿐만 아니라 캠프의 식단에는 김이나 미역, 다시마 등과 같은 식단이 있어서 설사가 더욱 심해지기만 했다고 말했다. 최배탈 씨는 화가 머리끝까지 나서 씩씩거리며 교관들을 찾아갔다.

"아니, 이게 어떻게 된 영문이요? 튼튼해져서 돌아오라고 캠프를 보내 놨더니 병만 더 키워서 돌려보내는 게 어디 있냔 말이오!"

교관들은 별로 놀라지도 않고 태연하게 말했다.

"약골 군 아버님, 아드님이 원래 몸이 약한 걸 가지고 저희에게 그렇게 말씀 하시면 안 되시죠."

"이건 몸이 약한 것과는 별개잖소! 애초에 배탈이 나 있어서 조심해 달라고 미리 당부까지 했는데 캠프 측에서 전혀 신경도 안 쓰고 식단도 배려하지 않았잖소!!"

하지만 교관들은 규칙상 어떤 예외도 둘 수 없었다고만 하며 전혀 미안한 기색이 없었다. 괘씸한 생각이 든 최배탈 씨는 아들의 설사를 더 심하게 만들어 탈수 증상이 일어나게 했다며 캠프 측과 교관들을 고소하기에 이르렀다.

사람은 하루에 큰창자로 가는 물의 양이 2.5리터 정도입니다.
대부분을 큰창자가 흡수하게 되는데 이때 큰창자가 물을
제대로 흡수하지 못하고 대변으로 내보낼 경우 설사가 됩니다.
이때는 미역이나 김처럼 섬유소가 많은 음식은 피해야 합니다.

과학공화국
생물법정 4

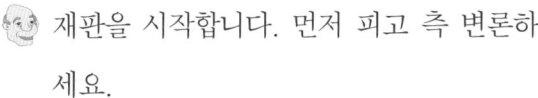

캠프의 식단이 최약골 군의 설사를 더 심하게
만든 걸까요?

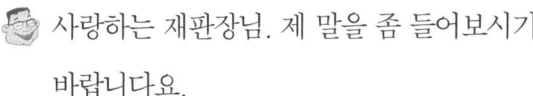

생물법정에서 알아봅시다.

재판을 시작합니다. 먼저 피고 측 변론하
세요.

사랑하는 재판장님. 제 말을 좀 들어보시기
바랍니다요.

닭살 돋는 말 그만 하고 변론이나 하세요.

또야, 또. 왜 만날 나만 갖고 그래…….

지금 뭐라고 구시렁거리는 겁니까?

네? 아하하…… 아닙니다, 아니에요.

변론할 생각이 없는 거면 비오 변호사 먼저 하겠습니다. 뭐
언제까지 기다려 줄 줄 알았나?

아닙니다…… 지금부터 시작하겠습니다. 에헴, 헴. 지금 최배
탈 씨는 그저 억지를 부리고 있을 뿐입니다. 고생을 하라고 아
들을 캠프에 보내 놓고는 고생하고 왔다고 고소를 하다니요?
이건 말도 안 되는 얘기죠……. 안 그렇습니까? 재판장님?

안 그렇습니다! 말도 안 되는 소리 그만 하도록 하고 원고 측
변론하세요.

변론에 앞서 증인을 신청하겠습니다.

신청을 허락합니다. 증인 들어오세요.

곧이어 머리가 하얗게 센 노의사 한 명이 증인석에 들어섰다.

증인, 자신의 간단한 소개를 부탁합니다.

저는 소화 기관만을 40년 동안 연구해 온 장창자 박사라고 합니다.

그렇군요. 오늘 바쁜데 와 주셔서 감사합니다.

뭘 그런 걸 가지고, 허허허.

먼저 한 가지 질문을 하겠습니다. 설사는 도대체 왜 생기는 거죠?

큰창자에는 수많은 대장균들이 살고 있습니다.

대장균이 뭘 하는데요?

잘 부서지지 않는 음식을 분해하는 역할을 하지요.

그럼 설사는 왜 생기죠?

바로 이 대장균이 너무 많아지면 설사가 됩니다.

잘 이해가 안 가는군요. 대장균은 음식을 분해하는 좋은 역할을 하는데 이게 많아진다고 왜 설사가 되는 거죠?

사람은 하루에 큰창자로 가는 물의 양이 2.5리터 정도입니다. 그 중에서 2.4리터 정도는 큰창자가 흡수하지요.

그럼 나머지는요?

과학공화국
생물법정 4

나머지는 작은창자에서 흡수하지요. 그런데 대장균이 많아져서 음식물이 분해가 잘 이루어져 많은 물이 만들어지게 되면 큰창자가 물을 제대로 흡수하지 못하고 대변으로 내보내게 되는데 이것이 바로 설사지요.

큰창자가 흡수할 수 있는 물의 양에 한계가 있나요?

물론입니다. 최대 5.7리터 정도의 물을 흡수할 수 있어요. 그러니까 이보다 더 많은 물이 큰창자로 흘러 들어오면 결국 대변에 물이 많아져 설사가 되는 거죠.

물을 흡수하지 못해서 변이 묽어지는 거로군요.

그런 셈이지요.

그럼 설사를 할 때는 어떤 음식을 피해야 하는 건가요?

설사는 몸의 수분이 자꾸 빠져나가는 과정이므로 탈수를 막기 위해 자꾸 수분을 공급해 주어야 합니다. 그리고 미역이나 김처럼 섬유소가 많은 음식은 피해야 합니다.

여기, 캠프의 식단이 있습니다. 이중에 섬유소가 많아 설사에는 좋지 않은 음식들이 있습니까?

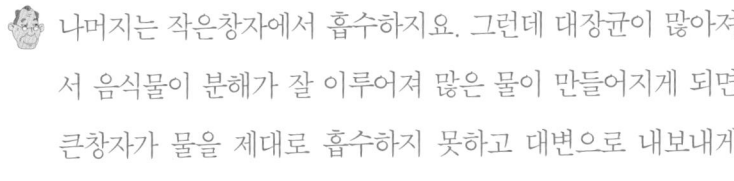

섬유질

섬유질은 호박 줄기, 시금치 줄기, 파 줄기 등에 많이 포함되어 있다. 초식동물은 셀룰라아제라는 소화 효소를 통해 풀 속의 섬유질을 소화할 수 있지만 사람은 셀룰라아제를 만들지 못해 섬유질은 소화되지 않거나 대장에 살고 있는 대장균에 의해 분해된다.
또한 섬유소는 수분 보유 능력이 뛰어나 자신의 무게보다 훨씬 많은 수분을 흡수하여 변의 양을 더욱 늘어나게 하고 장의 연동 운동을 촉진하기 때문에 변비에 좋다.

많군요. 김, 미역, 다시마 등은 섬유소가 많아 변비에는 좋지만 설사에는 쥐약이지요.

그렇군요. 그렇다면 캠프 측에서 잘못한 것이 틀림없군요.

판결합니다. 자라나는 아이들은 가능한 한 질병에 걸리지 않고 건강하게 자랄 수 있도록 우리 어른들이 도와주어야 합니다. 그런 면에서 볼 때 캠프 측에서는 설사가 있는 아이와 변비가 있는 아이와 정상적인 아이들의 식단을 달리 구성할 필요가 있었다고 생각이 됩니다. 그러므로 캠프 측에서는 최약골 군에게 손해 배상할 것을 판결합니다.

우리 아이 똥이 초록빛 똥이라니요?

아기의 똥 색깔이 다른 이유는 무엇일까요?

사건속으로

조들녀 씨와 영세민 씨는 올해로 결혼 2년째인 신혼부부였다. 둘은 넉넉한 형편은 아니었지만 서로를 너무나도 사랑하며 행복했다.

어느 날 자꾸 신것이 먹고 싶었던 들녀 씨는 병원에서 검사를 받았고 임신 3개월 진단이 나왔다. 그날 저녁, 조들녀 씨가 영세민 씨에게 말했다.

"자기야, 나 자꾸 새콤한 게 먹고 싶어."

"뭐? 당신 설마!"

"후후……."

"이얏호! 아싸라비야! 우리 여보 고생 많았어. 쪽! 쪽!"

영세민 씨는 아내의 임신 소식에 날아갈 듯이 기뻤다. 하지만 한편으로는 큰 근심이 하나 생겼다. 바로 아이를 키우는 데 드는 육아 비용이 마땅치 않았던 것이다. 조들녀 씨가 영세민 씨의 그런 고민을 눈치 채고는 그를 위로했다.

"자기야, 너무 걱정 마. 내가 어떻게든 더 아껴 써 볼게."

영세민 씨는 두 주먹을 불끈 쥐고 일어났다.

"그래, 나도 당신과 우리의 베이비를 위해서 더 열심히 일하겠어! 으라차차!"

그날 이후로 영세민 씨는 더욱 더 열심히 일하며 아내 조들녀 씨를 극진히 보살폈다. 조들녀 씨도 집에서 좋은 것만 보고, 들으며 하루하루 아기가 태어날 날만을 손꼽아 기다렸다. 한 달, 두 달이 지나 점차 배가 불룩해지고 마침내 예정일이 가까워지자 조들녀 씨는 저렴한 쑥나와 조산원에 방문했다. 쑥나와 조산원의 원장인 김쑴풍 씨가 미소를 지으며 말했다.

"호호홍…… 잘 오셨어요. 저희 병원만큼 저렴한 병원이 어디 있던가용? 다들 고급이다 럭셔리다 해서 거품뿐이지. 저희는 쓸데없는 거품은 좌아악…… 빼고 산모님과 아가에게 꼭! 필요한 것들만 있으니 저렴하다고 걱정할 거 하나 없어용. 오호호홍……."

조들녀 씨와 영세민 씨는 김쑴풍 원장의 말을 믿고 입원을 하였다. 다음 날, 출산이 시작되자 조들녀 씨는 분만실로 옮겨졌다.

"아아악……."

"좀 더! 조금만 힘을 줘 봐요. 어서!"

"아이고 나 죽네. 아악……."

분만실 안에서는 비명 소리가 나기 시작했고 밖에 있는 영세민 씨는 비명 소리에 맞추어 고개를 번쩍 들었다가 초조하게 왔다 갔다 하며 어쩔 줄 몰라 했다.

"응애……."

마침내 목이 빠져라 기다리던 아기 울음소리가 터져 나오자 영세민 씨는 그만 감격의 눈물을 흘리고 말았다.

"어흑흑……, 내가 아빠가 되다니……."

분만실의 문이 열리고 간호사가 아기를 안고 나왔다.

"축하드립니다. 예쁜 공주님이에요."

"산모는 괜찮은가요?"

"네, 건강하십니다. 지금은 아기가 안정을 취해야 하니 잠시 나가 계시기 바랍니다."

세민 씨는 아기가 보고 싶었지만 꾹 참았다. 다음 날, 면회 시간이 되자마자 아기를 보러 신생아실로 달려간 세민 씨는 아기를 보고는 깜짝 놀랐다. 아기의 똥 싼 기저귀가 검은 녹색을 띠고 있었던 것이다.

"아니 이게 어찌된 거죠? 아기 똥 색깔이 황금색이 아니라 거무스름하고 초록빛까지 나다니……."

놀란 영세민 씨는 조산원에 따졌다.

"아기의 변색은 원래 이렇게 검은색이에요. 전혀 걱정하실 필요 없답니당. 오호호홍……"

아무 일 아니라는 듯 대수롭잖게 대하는 김쑴풍 원장을 보자 세민 씨는 노발대발했다.

"아기고 어른이고 사람이면 똥 색깔이 똥색이어야지 도대체 뭘 먹였기에 그런 색깔의 똥이 나오는 거예요? 난 더 이상 이 조산원은 못 믿겠어요."

영세민 씨는 아내를 데리고 나서며 생물법정에 쑥나와 조산원을 고소했다.

과학공화국
생물법정 4

태아의 똥이 검은 녹색인 이유는 태아가 엄마의 자궁 속에 있을 때
마신 양수 중에서 소화가 안 된 상태로 남은 담즙 때문입니다.
따라서 아기의 변 색깔이 검은 녹색을 띠는 건
지극히 정상적인 것입니다.

여기는 생물법정

아기의 똥 색깔은 왜 똥색이 아닐까요?
생물법정에서 알아봅시다.

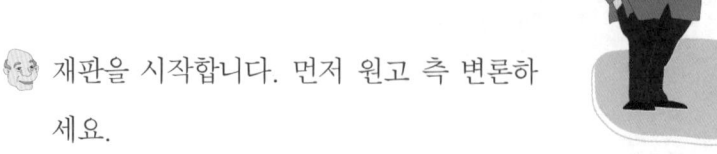

재판을 시작합니다. 먼저 원고 측 변론하세요.

가난하지만 행복했던 영세민 씨 부부, 이 두 사람은 이 조산원의 행패를 더 이상 보고 있을 수만은 없었기에 용기를 내어 고소를 하였습니다.

괜히 폼 잡지 말고 변론이나 하십시오.

네, 먼저 이 조산원은 허가도 받지 않은 무허가로 저렴한 가격만으로 가난한 산모들을 유혹하여 제대로 된 서비스를 제공하지 않은 점, 이는 마땅히 처벌 받아야 한다고 생각합니다! 에헴…….

그럼, 피고 측 변론을 들어 봅시다.

배출물 연구 기관인 덩연구소 황금변 박사님을 증인으로 요청하는 바입니다.

증인을 허락합니다.

중년의 여성이 나긋나긋하게 걸어와 수줍은 듯 조심스럽게 증인석에 올라섰다. 하지만 곧 뿌지직 하는 민망한 방귀 소

리를 내 좌중을 웃음바다로 만들었다. 황금변 박사는 얼굴이 붉어
진 채 고개를 푹 수그렸다.

죄송합니다. 제가 긴장을 하면 방귀가 나와서…….

바쁜 와중에 참석해 주셔서 감사드립니다. 먼저 사람의 변이
어째서 똥색, 아니 갈색인지 묻고 싶군요.

그건 바로 음식물과 섞인 녹색 담즙이 큰창자를 거치면서 큰
창자 속의 세균들인 대장균들에 의해
노란색으로 변하기 때문이에요.

담즙은 어디서 만들어지죠?

담즙은 간에서 만들어져서 쓸개에 저장
되었다가 담도를 통해 십이지장에서 분
비되어 음식물과 섞이게 되지요.

그럼 갓 태어난 아기는 담즙이 나오지
않는 건가요?

담즙이 나오지 않는 것이 아니라 대장
균이 없기 때문이지요. 태아의 똥 색깔
이 검은 녹색인 이유는 태아가 엄마의
자궁 속에 있을 때 마신 양수 중에서 소화가 안 되고 남은 물
질인 담즙이 원래 검은 녹색이기 때문이지요.

그럼 아기의 변 색깔이 검은 녹색을 띠는 건 건강과는 전혀

양수

임신을 하게 되면 뱃속에 양막이라
고 하는 얇은 막 안에는 양수가 차
있고, 이 안에서 태아가 자라게 된
다. 이때 양수는 바닷물의 성분과
비슷하다. 양수는 외부의 충격으로
부터 태아를 보호하고, 세균 감염을
막을 뿐만 아니라 분만할 때 자궁의
입구를 여는 힘으로 작용한다.
양수에는 태아의 몸으로부터 나온
여러 물질들이 섞여 있으므로, 양수
는 태아의 염색체에 이상이 있는지,
세균에 감염되지 않았는지 등을 알
수 있는 자료가 된다.

관계가 없는, 그러니까 지극히 정상적인 거군요.

네, 4일 후면 아마 노란 똥이 될 것이니 걱정 안 해도 됩니다.

그렇군요.

판결합니다. 증인이 설명한 것처럼 태아의 큰창자에는 세균이 전혀 없어 세균이 많은 어른들의 변색과는 다른 색깔을 나타낸다는 것을 알았습니다. 그러므로 조산원에서는 아무 책임이 없다고 봅니다.

우유가 만든 고약한 방귀 소동

우유와 고기를 먹으면 왜 방귀 냄새가 더 지독할까요?

사건속으로

올해도 과학공화국에는 각 마을별로 특산물 아가 씨들이 너도나도 자신들의 미모를 뽐내며 마을의 홍보를 위해 발 벗고 나섰다. 하지만 딱 한 곳 움머 마을에서는 그러질 못했다.

올해 처음으로 만들어진 이 마을은 전국에서 젖소를 키우는 사 람들을 한 마을에 모아 전국의 우유 생산량의 99%를 생산해 내는 우유 생산 단지였다. 어마어마한 우유 생산량을 자랑하는 마을이 었으니 이 마을의 특산물 아가씨는 당연히 우유 아가씨였고 따라 서 올해부터 제1회 '내가 젖소아가씨 선발대회'가 열리게 되었다.

드디어 대회 날, 마을에서 인물깨나 한다는 처녀들은 모두 마을회관에 모이고 예선이 시작되었다. 마을 이장인 최원유 씨가 대회 일정을 소개하기 위해 단상에 올랐다.

"에헴, 우리 움머…… 마을에서는 올해부터 우유와 젖소들을 홍보하기 위해서 최고의 지성과 미모를 겸비한 내가 젖소 아가씨를 선발할 것을 선언합니다."

"와아……."

팡파르 소리와 함께 사람들의 환호성이 울렸다. 특히 젊은 총각들은 예쁜 아가씨들을 본다는 생각에 휘파람 소리와 함께 벌써부터 호들갑이었다.

"조용 조용, 우선 일정을 말씀드리면 오늘 1차 예선을 통과한 아가씨들은 3일 동안 합숙 훈련을 하며 마시고, 마사지하고, 목욕할 최고 품질의 우유를 제공해 주며 식사 역시 최고급인 살살노가 소등심 스테이크로 제공해 드릴 것입니다."

"우아……."

사람들은 군침을 꿀꺽 삼켰다.

"그리고 3일 후 최종 결승전에는 예선을 통과한 7명의 아가씨들이 여러분의 앞에서 미모와 지성을 뽐내며 젖소 무늬 수영복 심사, 젖소 울음소리 흉내 내기 테스트 등을 통해 최고의 명예인 내가젖소 진, 선, 미를 선발하겠습니다."

"와아아아……."

과학공화국
생물법정 4

최원유 이장의 대회 일정 소개가 끝남과 동시에 우레와 같은 함성 소리가 마을 회관을 떠나갈 듯 울려 퍼졌다. 그날 이후 후보자 아가씨들은 숙소에서 3일 동안 매일 우유와 스테이크만을 먹으며 대회 준비로 여념이 없이 바쁜 나날을 보냈다. 그리고 결승전이 있는 날에 최종 멤버인 7명의 호명이 시작되었다.

"참가 번호 23번 차연유!"

"엄마, 나 몰라. 어떡해!"

"참가번호 33번 손분유!"

"꺄아아아아아아……."

"참가 번호 34번 유지방!"

"네!"

마지막 결승 멤버를 호명함과 동시에 후보자들의 얼굴에는 희비가 교차하였다. 뽑힌 7명의 후보들은 누구보다 열심히 우유와 소고기를 먹으며 대회에 열성적으로 임했던 아가씨들이었다. 대회장에 향하는 최종 후보자들은 잔뜩 긴장한 표정이었다.

결승전이 시작되고 최종 후보자들이 얼룩무늬 수영복을 입고 워킹을 하던 도중 어딘가에서 난데없는 따발총 소리가 나기 시작했다.

'뿌부부부부부부붕!'

긴장을 한 탓인지 한 후보가 그만 커다란 소리로 방귀를 뀌고 만 것이다. 하지만 그것이 다가 아니었다.

'뿌웅!'

'부아앙!'

'빠바방!'

여기저기서 후보자들이 방귀를 뀌기 시작했고 대회장은 엉망이 되었다. 관객들은 웃음을 터트렸으며 부끄러워진 후보자들은 무대를 팽개치고 도망치기 바빴다. 어떤 후보는 한쪽 구석에서 울음을 터트리기도 했다. 그러나 곧 더 심각한 사태가 벌어지기 시작했다.

"우욱! 이게 무슨 냄새야!"

방귀 냄새가 너무 지독해서 웃던 관객들이 인상을 찌푸리며 자리를 떠 버린 것이다. 결국 내가 젖소 아가씨 대회는 엉망진창이 되었고 대회 기간 내내 우유와 소고기만 먹여 방귀가 나오게 되었다며 후보자들은 대회 주최 측을 고발했다.

방귀 냄새가 유난히 지독한 이유는 단백질 때문입니다. 단백질이 분해되면서
인돌과 스카톨이라는 물질이 나오는데 이것이 냄새를 일으키지요.
특히 단백질은 고기나 생선 그리고 우유에 많이 들어 있지요.

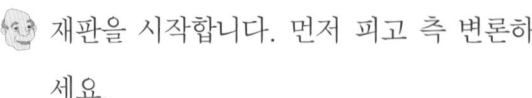

슬프고도 웃긴 이 방귀 사건의 원인은
무엇일까요?
생물법정에서 알아봅시다.

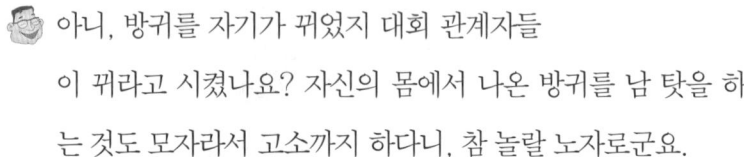

재판을 시작합니다. 먼저 피고 측 변론하
세요.

아니, 방귀를 자기가 뀌었지 대회 관계자들
이 뀌라고 시켰나요? 자신의 몸에서 나온 방귀를 남 탓을 하
는 것도 모자라서 고소까지 하다니, 참 놀랄 노자로군요.

흥분을 가라앉히고 변론하세요.

후우…… 네, 알겠습니다. 참, 그리고 우유와 고기를 먹었다
는 이유만으로 방귀가 참을 수 없이 그렇게 천둥소리를 내며
나오다니, 그것도 있을 수 없는 이야기입니다. 그럼, 매일 우
유만 먹는 아기들도 방귀를 엄청나게 많이 뀌어야 하지 않겠
습니까? 이상입니다.

원고 측 변론하세요.

방귀 연구소의 이뿡뿡 박사를 증인으로 요청합니다.

앞이마가 시원하게 벗겨진 노인 한 명이 방독면을 쓰고는
증인석에 올랐다.

저…… 박사님, 실례지만 증인 심문을 위해 방독면은 좀 벗어 주시겠습니까?

죄송합니다. 연구소에 방귀 냄새가 항상 지독하게 나서 항상 방독면을 쓰고 있거든요. 버릇이 돼서 그만…… .

그럼 증인에게 묻겠습니다. 방귀란 도대체 무엇인가요?

방귀는 대장 속에 생긴 기체가 나오는 것입니다.

그럼 왜 소리가 나는 거죠?

괄약근이 항문을 꽉 조이고 있다가 작은 구멍으로 기체가 한 꺼번에 나오면서 항문 주변의 피부를 떨리게 하지요. 그 떨림 이 공기의 진동을 만들어 소리가 나는 것입니다.

그렇군요. 그럼 냄새가 유난히 지독한 방귀는 어떤 원인에 의 해 그런 거죠?

그건 주로 단백질 때문입니다. 단백질 이 분해되면서 인돌과 스카톨이라는 물 질이 나오는데 이것이 냄새를 일으키지 요. 특히 단백질은 고기나 생선 그리고 우유에 많이 들어 있지요.

그럼 3일 동안 우유와 고기만을 먹고 지낸 내가 젖소 아가씨 대회 참가자들 은 당연히 방귀를 자주 뀔 수밖에 없었 겠네요?

 유당분해효소 결핍증

우유를 소화시키지 못하는 것으로 동양인의 90%, 흑인의 75%, 서양인 의 25%에서 나타난다. 이는 락타아 제(유당분해효소)라는 효소가 없거나 부족하여 생기는 것으로, 락타아제는 우유(모유 제외)를 소화시키는 데 필 요한 효소로, 이것이 없으면 설사를 일으키게 된다. 대개 어른이 되어 생 기는 것으로 알려졌으며 최근에는 소화에 방해가 되는 유당만을 제외 한 우유가 개발되기도 했다.

그렇죠. 특히 우리나라 사람들은 우유의 유당을 분해하는 효소가 부족해 소화를 잘 못 시키므로 우유를 많이 마시면 냄새가 지독한 방귀를 자주 뀌게 되지요.

그렇군요.

판결합니다. 방귀의 냄새와 우유가 관계있다는 것이 입증되었으므로 이번 내가 젖소 아가씨 대회 측은 후보자들에게 정신적인 손해 배상을 할 것을 판결합니다.

과학성적 끌어올리기

왜 음식을 먹어야 하나?

음식을 왜 먹어야 하나요? 우리 몸은 66%의 물과 16%의 단백질과 13%의 지방과 5%의 탄수화물, 무기염류 등으로 이루어져 있죠. 그런데 이런 물질들은 음식을 통해 받아들일 수 있거든요. 특히 음식물 속에는 우리 몸을 구성하거나 에너지를 위해 필요한 물질들이 들어 있는데 그것을 영양소라고 해요.

어떤 것들이 영양소지?

탄수화물, 지방, 단백질을 3대 영양소라고 하고 그 외의 비타민, 무기염류, 물을 부영양소라고 하죠. 무기염류는 철, 칼슘, 인, 칼륨, 마그네슘과 같은 것들을 말하죠.

탄수화물은 밥, 빵, 면과 같은 음식에 들어 있어요. 단백질은 계란, 생선, 두부와 같은 음식에 들어 있고요. 지방은 버터, 마가린, 식용유와 같은 음식에 많이 들어 있죠. 무기염류는 우유나 김과 같은 음식에 많이 들어 있죠. 비타민은 신선한 과일에 많이 들어 있죠.

그러니까 영양소를 고루 섭취하려면 음식을 골고루 먹어야 해요. 그래서 학교 식당에는 영양사가 있어서 골고루 영양소를 얻을 수 있는 식단을 만들지요.

비타민의 결핍

비타민에는 여러 종류가 있어요. 그럼 중요한 비타민에 대해 알아보죠.

- 비타민 A: 야채, 우유, 버터, 달걀 노른자에 많이 들어 있죠. 이 비타민이 부족하면 밤에 잘 안 보이는 야맹증에 걸리죠.
- 비타민 B: 콩, 쌀겨, 고기, 우유에 많이 들어 있죠. 이 비타민이 부족하면 각기병에 걸리죠. 각기병에 걸리면 다리가 붓고 부은 다리를 손가락으로 누르면 들어간 살이 나오지 않아요.
- 비타민 C: 과일, 야채에 많이 들어 있죠. 이 비타민이 부족하면 괴혈병에 걸리죠. 괴혈병에 걸리면 기운이 없고 잇몸이나 피부에서 피가 나고 빈혈 증세를 보이죠.
- 비타민 D: 버섯, 물고기, 버터에 많이 들어 있죠. 이 비타민이 부족하면 구루병에 걸리죠.

입에서의 소화

여러분이 먹는 음식물은 알갱이가 커서 그대로는 몸에 흡수되지 않아요. 그러니까 잘게 나누어져야 하죠. 그 과정을 소화라고 해요. 소화에는 다음과 같이 두 종류가 있어요.

- 기계적 소화: 힘으로 음식물을 잘게 쪼개는 것
- 화학적 소화: 소화 효소에 의해 음식물이 잘게 부수어지는 것

입 안에서의 소화 과정

음식물이 입으로 들어오면 우선 이가 공격을 하죠. 이의 공격으로 음식물은 잘게 부서지죠.

이 다음으로는 침이 공격을 하죠. 침은 침샘에서 만들어지는데 입 안에는 귀밑샘, 턱밑샘, 혀밑샘이 있어요.

하루에 나오는 침은 약 1리터 정도예요. 하지만 먹은 음식물이 침으로 모두 잘게 부서지는 건 아니에요. 침 속에는 특히 탄수화물을 잘 분해하는 아밀라아제라는 소화 효소가 있지요. 침의 공격을 받은 탄수화물은 분해되어 작은 포도당이 되지요.

그럼 다른 영양소들은 어디에서 잘게 부서지죠? 대부분의 영양소들은 위에서 잘게 부서지죠.

그럼 혀의 역할을 알아볼까요? 혀는 음식물의 맛을 느끼게 하고 커피 잔에서 설탕을 젓는 스푼처럼 음식물을 잘 섞어 주는 역할을 하죠. 또, 음식물을 식도로 보내 주는 역할도 해요.

입을 떠난 음식물은 식도를 통해 위로 가죠. 식도의 길이는 보통 25센티미터 정도예요. 물론 키 큰 사람은 식도가 더 길겠지만. 식

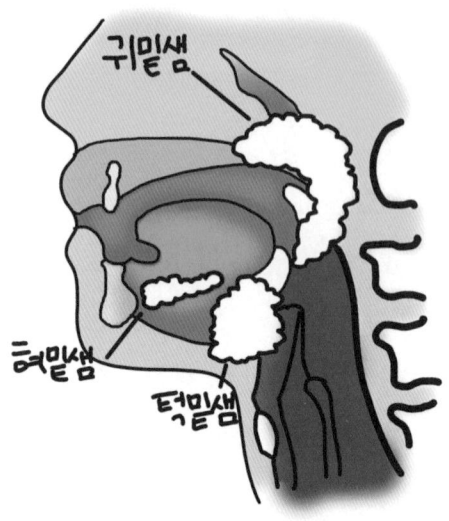

도에서 음식물이 내려가는 모습은 치약을 짜내는 것과 비슷하죠. 그러니까 위쪽부터 차례로 오므라들었다 늘었다 하는 연동 운동에 의해 음식물이 아래로 아래로 내려가서 위에 도착하죠.

위

위는 윗부분이 크고 아랫부분이 작은 자루 모양의 소화 기관으로 크기는 자신의 신발 크기와 비슷하죠.

위에는 어른의 경우 약 4리터 정도의 음식물을 저장할 수 있어요. 하지만 너무 많이 먹으면 위가 다 저장할 수 없다는 것을 명심하세요.

위벽에는 많은 주름이 있고, 주름 사이에 위액을 분비하는 위샘이 있죠. 위액은 위산과 소화 효소로 이루어져 있죠. 위산은 하루에 약 2리터 정도 나오죠. 위액 속에는 펩신이라는 소화 효소가 있어 단백질을 잘게 부숴 펩톤으로 만드는 역할을 하죠.

본문선

본문부
위저부
유문부
경계부
상피세포
점막세포
핵세포
주세포
점막근층
점막하조직

77

작은창자에서의 소화

작은창자의 길이는 7미터 정도로 우리 몸에서 제일 길죠.

작은창자는 음식물의 대부분이 소화되는 아주 중요한 장소이죠. 작은창자가 시작되는 곳을 십이지장이라고 하죠. 십이지장의 길이는 30센티미터 정도이죠. 십이지장에는 이자에서 만들어지는 이자액과 간에서 만들어지고 쓸개에 저장되어 있던 쓸개즙, 그리고 작은창자의 벽에 있는 장샘에서 만들어지는 장액이 있어요.

- 이자액: 지방을 잘게 부수는 리파아제라는 소화 효소와 단백질을 잘게 부수는 트립신이라는 소화 효소가 들어 있어요.
- 쓸개즙: 소화 효소는 들어 있지 않지만 지방의 소화를 도와주죠.
- 장액: 단백질을 분해하는 펩티다아제라는 소화 효소가 들어 있어요.

작은창자의 운동

작은창자는 다음과 같은 운동을 하죠.

- 혼합 운동: 작은창자 안의 음식물들을 잘 섞어 주죠.
- 연동 운동: 작은창자 안의 음식물을 아래로 내려 보내죠.

과학성적 끌어올리기

작은창자는 탄수화물, 지방, 단백질이 잘게 부수어져 만들어진 영양소들과 비타민, 무기염류 등을 물과 함께 흡수하죠. 작은창자의 벽은 주름투성이이고 융털로 뒤덮여 있어 영양소를 보다 많이 흡수할 수 있게 되어 있죠.

큰창자에서의 소화

큰창자는 작은창자보다 굵지만 길이는 1미터 50센티미터 정도로 작은창자보다 짧아요.

보통 맹장에서 항문까지를 큰창자라고 하는데 큰창자는 맹장, 결장, 직장으로 구분할 수 있죠.

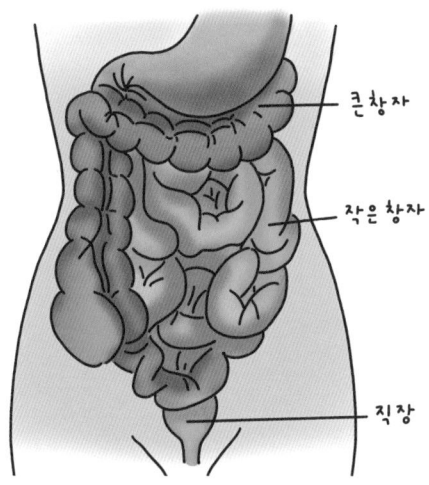

큰창자

작은창자

직장

- 맹장: 충수라고도 부르는데 길이는 5센티미터 정도이고 끝은 막혀 있죠. 맹장이 세균에 감염되면 부풀어올라 터지는데 이것을 맹장염이라고 하죠. 이때는 맹장을 떼어 내는 수술을 해야 해요.
- 결장: 큰창자의 대부분을 차지하죠. 그러니까 결장은 대변이 보관되어 있는 터널이라고 생각하면 돼요.
- 직장: 큰창자의 마지막 부분으로 항문과 연결되어 있죠.

큰창자에서는 물이 흡수되고 남은 찌꺼기는 대변이 되어 큰창자의 연동 운동에 의해 항문을 통해 밖으로 나가죠.

이자

이자는 췌장이라고도 부르죠. 이자는 이자액을 만드는데 이자액에는 단백질과 탄수화물 그리고 지방을 잘게 부수는 소화 효소가 들어 있죠.

또한 이자에서는 인슐린과 글리코겐이라는 두 종류의 중요한 호르몬을 만들어요. 이 호르몬은 사람의 근육에 들어가는 당의 양을 조절하죠. 그러니까 인슐린이 부족하면 당뇨병에 걸려 고생하죠.

과학성적 끌어올리기

간

간은 무게가 약 1.5킬로그램 정도로 우리 몸의 장기 중 가장 크죠. 간은 오른쪽 갈비뼈 안쪽에 있어 갈비뼈에 의해 보호를 받고 있어요. 간의 바로 밑에는 담낭(쓸개)이 있어 간에서 만들어진 쓸개즙을 저장하는 창고의 역할을 하죠.

간은 사람 몸의 화학 공장과 같아요. 우리 몸에 필요한 단백질과 영양소를 만들고 저장하며, 몸에 해로운 여러 가지 물질들을 해독하는 기능을 하니까요. 혈액 속에는 우리 몸에 중요한 역할을 하는 여러 가지 단백질들이 있어요. 이중 약 90%는 간에서 만들어지죠. 또한 우리 몸에 들어온 각종 약물과 해로운 물질은 간에서 해가 적은 물질로 바뀌어 소변을 통해 통해 배설되죠.

생선 가시가 목에 걸리면 어떻게 해야 할까?

생선을 먹다 보면 목에 가시가 걸리는 경우가 있는데, 이럴 땐 어떻게 해야 할까요?

어른들 중엔 밥을 크게 떠서 씹지 말고 꿀꺽 삼키라고 일러 주시는 분이 많아요. 밥과 생선 가시가 같이 넘어가도록 하기 위해서죠.

밥은 끈적거리면서 부드러워서 씹지 않고도 잘 넘어가는 음식 중 하나예요. 또 그대로 삼켜도 소화에 큰 문제는 없지요.

　때때로 이 방법이 효과적으로 이용되기도 해요. 하지만 잘못하면 가시가 더 깊이 박힐 수도 있고 식도에 상처가 날 수도 있지요.

　상처가 커져서 염증이 생기면 수술까지 할 수 있답니다.

　다른 방법으로 날달걀을 먹기도 해요. 날달걀은 무척 부드럽기 때문에 식도에 상처를 주지 않고 대부분 가시도 내려간다고 해요. 하지만 생선 가시가 잘 내려가지 않으면 빨리 이비인후과에 가서 안전하게 빼는 게 최선의 방법이지요.

혈액과 배설에 관한 사건

시험 날 왜 밥을 먹이는 거예요?

시험 날 밥을 먹는 것이 좋을까요, 먹지 않는 것이 좋을까요?

어느덧 과학공화국 최고 명문 대학인 하드보드 대학의 입학시험이 성큼 일주일 앞으로 다가왔다. 전국의 내로라하는 천재들이 모두 이 대학을 목표로 공부를 한다고 보아도 좋을 만큼 하드보드 대학은 수험생들의 선망의 대상이었다. 엘리트시티의 남보원 학생 역시 하드보드 대학을 목표로 1년 동안 열심히 시험 준비를 하였다. 특히 올해는 경쟁률이 매우 높아서 성적이 꽤 좋은 남보원 학생 역시 안심할 수는 없는 처지였다. 일주일 동안 미역국도, 미역무침에도 손대지 않고 머리도 감지 않은 채 그는 비장한 각오로 시험 준비에 임하였다.

시험 당일이 되자 고사장 앞에는 모든 차량이 통제되었으며 그날 하루 동안은 고사장 근방 300미터 안에서 경적을 울리면 벌금을 물어야 했다. 물론 텔레비전과 라디오 방송도 일시 중지되었으며 학부모들은 아침 일찍부터 고사장 앞에서 기도를 드리고 있었다. 학생들은 고사장에 도착해 제각기 자기 자리를 찾아 헤맸고 곧 이어 시험 시작을 알리는 종소리가 울렸다. 남보원 학생이 있던 교실에는 백발이 성성한 할아버지 선생님이 시험 감독을 들어왔다.

"나는 여러분의 시험 감독을 맡은 고지식이라고 한다. 행여나 커닝 같은 건 할 생각도 말어!"

고집스러워 보이는 인상의 감독 교사를 보니 남보원 학생은 괜히 더 초조해지는 기분이었다. 그는 시험지를 받고 숨을 한 번 크게 가다듬고는 곧 문제를 풀기 시작했다. 그렇게 두 과목의 시험을 치르고 점심시간이 되었다. 하지만 대부분의 학생들은 그리 소화도 안 될뿐더러 다음 과목의 공부를 하느라 정신이 없어 점심은커녕 도시락을 꺼낼 생각도 하지 않고 그저 책만 들여다보았다. 남보원 학생 역시 예상 문제집을 뚫어져라 쳐다보며 외우고 있었다. 그런데 별안간 커다란 호통소리가 들렸다.

"지금 뭣들 하는 게야!"

모든 학생들이 깜짝 놀라 고개를 들고 고지식 선생을 바라보았다.

"시험도 중요하지만 무엇보다도 끼니를 거르면 안 되는 법! 다들 도시락 꺼내서 점심을 먹어라!"

학생들은 싫은 기색이 역력했지만 고지식 선생의 무서운 호통에 하나 둘씩 도시락을 꺼내기 시작했다. 남보원 학생도 일분일초가 아까운 때에 꾸역꾸역 억지로 밥을 입에 밀어 넣다시피 점심을 먹었다. 그제야 만족스러운 얼굴로 고지식 선생이 흐뭇한 표정을 지었다. 학생들은 불만이 가득한 얼굴로 밥을 먹으면서도 책에서 눈을 떼지 않았다. 어떤 학생은 문제집을 보면서 밥을 먹다가 그만 젓가락으로 눈을 찌르기도 하였다. 남보원 학생은 먹는 둥 마는 둥 밥을 먹어 치우고는 다시 예상 문제집에 코를 박고 외우기 시작했다.

그렇게 짧았던 점심시간이 순식간에 끝나고 다음 시험이 시작되었다. 남보원 학생은 외웠던 부분을 잊지 않으려고 서둘러 시험지를 펼쳐 문제를 풀었다.

하지만 이게 웬일. 자꾸만 졸음이 쏟아지기 시작하는 것이었다. 남보원뿐만이 아니었다. 같은 교실에 있는 대부분의 학생들이 모두 졸려서 어쩔 줄을 몰라 하는 모습들이었다. 마구 눈을 비벼 보기도 하고 허벅지를 꼬집는 여학생도 보였다. 결국 시험이 끝나고 나서 채점을 해 보니 그 교실에 있던 학생들 전원이 불합격 판정을 받을 만큼 낮은 점수가 나왔다. 여기저기서 울음이 터져 나왔다. 남보원 학생은 눈앞이 깜깜했다. 이 시험은 1년에 딱 한 번뿐이라 다시 치르려면 1년을 또다시 공부해야 했다.

학생들은 격분하며 억지로 밥을 먹게 해 식곤증이 생기게 한 고지식 선생을 단체로 고소했다.

위에 음식물이 가득 차면 소화 활동이 활발하게 진행되어야
하므로 산소와 영양분을 공급하는 피가 위로 몰리게 됩니다.
그래서 뇌에 흐르는 피가 줄어들어 뇌의 활동이 둔해지는 것이지요.

밥을 먹으면 정말로 졸릴까요?
생물법정에서 알아봅시다.

재판을 시작합니다. 먼저 고지식 씨 측 변론하세요.

존경하는 재판장님. 사람은 누구나 밥을 먹고 삽니다. 피고도, 저도, 재판장님도 마찬가지입니다. 제 말이 틀렸습니까?

내가 밥 먹는 거랑 이 법정이 무슨 상관이 있죠? 제발 딴 길로 새지 말고 변론이나 하세요.

제 마음입니다. 그런데 단순히 밥을 먹는 것을 가지고 그것 때문에 잠이 왔네, 그래서 시험을 망쳤네 하는 건 단순히 핑곗거리에 지나지 않는 다는 거죠. 핑계 없는 무덤 없다는 말도 있지 않습니까? 제 말이 그 말인 거죠.

애초에 기대를 한 내가 잘못이지. 다음, 원고 측 변론하세요.

《포만감과 수면》이라는 책의 저자 강포만 씨를 증인으로 요청합니다.

씨름 선수만 한 덩치의 남자가 꾸벅꾸벅 졸면서 증인석을 향해 걸어왔다. 그러던 중 그만 중간에 엎어져서 잠이 들어

과학공화국
생물법정 4

버렸다. 비오 변호사가 당황하며 몇 번이나 깨워 일으켜 마침내 증
인석에 올라왔다.

증인은 왜 꾸벅꾸벅 졸면서 왔습니까?

아, 금방 밥을 먹고 왔더니 졸리네요.

그렇다면 밥을 먹으면 졸린다는 말이 사실인가 보군요?

당연히 사실입니다.

어째서 그런지 원리를 설명해 주시겠습니까?

우리가 먹은 음식이 위에 쌓이면 보통 위에서 3~4시간 정도
머물게 됩니다.

그 시간 동안 뭐하는 거죠?

위는 20초에 한 번 정도 꿈틀거리면서 위액과 음식물을 섞어
주지요. 이때 위산과 펩신이라는 소화 효소가 섞인 위액이 음
식물을 잘게 분해하는 역할을 하지요.

위에 음식물이 있는 것과 졸린 것이 무슨 관계가 있지요? 아
무리 생각해도 관계가 있을 것 같지 않은 데, 나만 그렇게 생
각하는 건가?

생물을 잘 모르는 일반인들은 다 그렇게 생각하지요. 하지만
음식물이 위에 가득 차면 위에서 소화 활동이 활발하게 진행
되어야 하므로 산소와 영양분을 공급하는 피가 위로 몰리게
됩니다.

그럼 다른 곳의 피가 줄어들겠군요.

그렇습니다. 이래서 뇌에 흐르는 피가 줄어들어 뇌의 활동이 둔해지는 것이지요.

강포만씨?

쿨……

강포만 씨!!!

네? 아…… 네, 제가 또 졸았군요. 죄송합니다.

아닙니다. 계속해 주시죠.

그러니까 뇌의 활동이 둔해진다는 말이 결국 졸음이 온다는 뜻이죠.

더 이상 물어봤다가는 증인이 졸다 기절이라도 할 것 같네요. 이상입니다.

수고했어요. 판결은 간단하게 되었군요. 우리가 흔히 식곤증이라는 말을 쓰는데 그 말이 과학적이었군요. 아무튼 시험처럼 중요한 일을 앞둔 사람은 한 끼를 굶는다고 문제 생기지는 않으므로 졸음이 오지 않도록 식사를 안 하거나 적게 했어야 하는데 이번처럼 많이 먹으면 시험 문제와 동시에 졸음과도 싸워야 하니 점수가 제대로 나올 리 없지요. 그러나 밥을 먹고 소화되면서 생성되는 포도당으로 인해 뇌의 기능이 활성

화되는 점도 잊어서는 안 됩니다. 그래서 본 판사는 학생과 선생님들에게 식사를 한 뒤 시험 시작 10분 전에 간단한 스트레칭과 기지개를 켜도록 권유합니다.

발 크기가 달라졌어요

우리의 발은 정말로 커졌다 작아졌다 하는 걸까요?

사건속으로

조명품 양은 오늘도 백화점 명품관에서 명품 쇼핑
을 하며 스트레스를 풀었다.

"아유…… 고객님이 딱 보는 눈이 있으시다아……."

"호호호, 제가 좀 볼 줄 알죠."

"그러게요. 그게 오늘 들어온 신상품인 줄 어떻게 아시고 딱 집
어내시네. 오호호."

"그래요? 난 그냥 이게 제일 엘레강스하면서 노블레스, 쉬크하
고 엣지 있어 보여서 한 번 만져 본 건데 우훗……."

이렇게 점원들의 칭찬에 으쓱해질 때마다 자신이 살아 있다는

것을 느끼는 조명품 양은 양손 한 가득 쇼핑백을 든 채 백화점을 나섰다. 부모님이 물려준 유산으로 평생을 일하지 않고도 떵떵거리며 살 수 있는 재산을 가진 터라 조명품 양은 매일매일 이렇게 쇼핑 다니는 것을 낙으로 삼고 있었다. 하지만 이런 조명품 양을 만족시키지 못하는 것이 단 하나 있었으니, 바로 신발이었다. 그녀는 일반 여성들보다 발이 매우 큰 편이라 늘 기성화는 신어 보지 못한 채 수제화만을 신어야 했다. 하지만 고급 기성화와는 달리 수제화란 따로 명품이 있는 게 아니다 보니, 그녀가 비싼 신발을 신고 있어도 아무도 그녀의 신발에는 관심을 가져 주지 않았다. 그래서 그녀는 늘 불만이었다. 그런데 그날 마침 동네에 새로운 양화점이 생긴 것을 발견하였다.

"어머, 못 보던 신발 가게네?"

명품 양은 그냥 그렇고 그런 신발 가게려니 하고 별로 대수롭잖게 지나쳤다. 하지만 그날 밤 친구와 통화를 하던 그녀는 그 양화점에 대해서 놀라운 이야기를 듣게 되었다.

"거기가 작고 허름해 보여도 그냥 신발 가게가 아니야. 그 가게 주인이 3대째 양화점을 해 오던 집안이라 발만 한 번 척하고 내밀면 눈대중으로 바로 치수를 재고 일반 기성화와 같은 디자인을 다양한 사이즈로 만들어 준다더라고."

"뭐? 정말?"

친구의 말대로라면 그 양화점은 명품 양이 그토록 바라던 소망을 이루어 줄 수 있는 곳이었다.그녀는 그 말을 듣자마자 한달음에 달려가 대문을 두드렸다. 하지만 늦은 밤이라 이미 문을 닫은 뒤였다. 아쉬운 마음에 뒤를 자꾸만 돌아보며 그녀는 내일을 기약했다. 다음 날, 조명품 양은 해가 떠오르기 무섭게 양화점에 들어섰다. 그리고는 인사고 뭐고 없이 대뜸 발부터 척 하고 내밀었다. 그리고는 원하는 디자인을 지목하고 신발이 만들어지기를 기다렸다. 잠시 후 그녀에게 꼬옥 맞는 예쁜 구두 한 켤레를 그녀의 품에 안고 집에 돌아왔다. 그녀는 기분이 너무 좋아 밥을 먹지 않아도 배가 부른 것 같았고 하루 종일 신발을 안고 쓰다듬었다. 그런데 밤이 되고 신발장에 구두를 넣어 두기 직전에 마지막으로 신어 보려던 그녀가 별안간 비명을 질렀다.

"이럴 리가, 이럴 리가 없어!"

신발이 작아졌는지 그녀의 발이 전혀 들어가지 않는 것이었다.

"거짓말이야아…… 얼마 만에 찾은 맞는 신발인데에……."

그녀는 화장이 잔뜩 번진 얼굴로 구두를 들고 양화점에 찾아갔으나 역시 너무 밤늦은 시간이라 문은 굳게 닫혀 있었다. 조명품 양은 전속 변호사에게 전화를 걸어 그 양화점을 사기죄로 고소하였다.

과학공화국
생물법정 4

하루 종일 서서 있다 보면 피는 무거워서 아래쪽으로 내려가지요.
그래서 밤에는 피가 발에 많이 모여 있어 발이 커지지요. 하지만
잠을 자면 피가 다시 골고루 퍼지기 때문에 발이 다시 작아집니다.

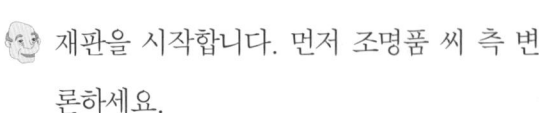

정말 커졌다가 작아졌다가 하는 신발이
있을까요?
생물법정에서 알아봅시다.

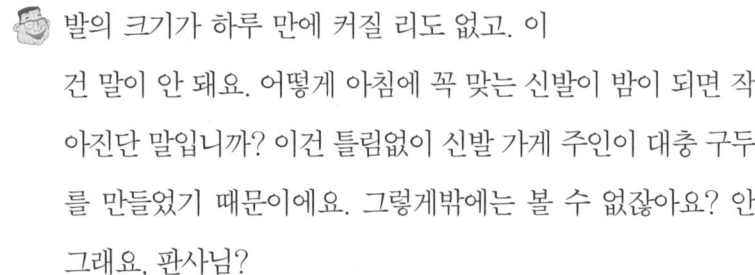

재판을 시작합니다. 먼저 조명품 씨 측 변
론하세요.

발의 크기가 하루 만에 커질 리도 없고. 이
건 말이 안 돼요. 어떻게 아침에 꼭 맞는 신발이 밤이 되면 작
아진단 말입니까? 이건 틀림없이 신발 가게 주인이 대충 구두
를 만들었기 때문이에요. 그렇게밖에는 볼 수 없잖아요? 안
그래요, 판사님?

글쎄요. 나는 잘 모르겠는데…….

그럼 전 변론 마치죠, 뭐...

그러시구려. 그럼 피고 측 변론하세요.

혈액순환연구소의 이피돌 소장을 증인으로 요청합니다.

혈색이 아주 좋아 보이는 30대의 남자가 증인석으로 활기
차게 들어왔다.

혈액순환연구소가 뭐죠?

혈액, 그러니까 피가 어떻게 도는지를 연구하는 곳입니다.

피가 어떻게 돌지요?

빙글빙글 돌아요.

지금 그걸 농담이라고 하는 거요?

아니요. 과학적으로 말한 거예요.

좋습니다. 그럼 피와 혈액은 같은 말인가요?

네, 사람 몸속에는 많은 양의 피가 흐르죠. 피를 다른 말로 혈액이라고 해요. 피를 움직이게 하는 건 심장이고요.

심장은 크기가 어느 정도죠?

사람의 심장은 주먹만 한 크기로 가운데서 약간 왼쪽으로 치우쳐져 있어요. 그리고 심장은 네 개의 칸으로 나뉘어져 있지요. 심장으로 들어오는 피를 받는 부분을 심방이라고 하고, 피를 심장 밖으로 내보내는 곳을 심실이라고 부르죠. 심방과 심실, 심실과 동맥 사이에는 판막이 있어 피가 한쪽으로만 흐르게 하지요. 심장은 규칙적으로 수축되었다 팽창했다 하면서 피를 내보내거나 받아들이는데 이 규칙적인 운동을 박동이라고 불러요.

피가 어떻게 온몸을 통해 흐르죠?

심장과 연결되어 있는 혈관은 동맥과 정맥입니다. 동맥은 심장에서 피가 나가는 혈관이고, 정맥은 피가 심장으로 들어오는 혈관이지요. 온몸을 돌고 들어온 피는 대정맥을 통해 우심방으로 들어오고 우심방이 수축할 때 우심실로 보내지지요.

우심실이 수축하면서 폐동맥을 통해 허파로 들어간 피는 허파 속의 모세혈관을 지나면서 이산화탄소를 버리고 산소를 받아들여요. 그리고는 폐정맥을 통해 좌심방으로 돌아와 좌심실로 보내지고 대동맥을 통해 온몸의 모세혈관으로 흐르지요.

 정말 빙글 빙글 도는군요. 그런데 피가 도는 것과 이번 사건과 무슨 관계가 있나요?

사람의 발 크기는 아침과 밤에 다릅니다.

언제 더 크죠?

밤에 더 커집니다.

그건 왜 그렇죠?

하루 종일 서서 있다 보면 피는 무거워서 아래쪽으로 내려가지요. 그래서 밤에는 피가 발에 많이 모여 있어 발이 커지지요. 하지만 잠을 자면 피가 다시 골고루 퍼지기 때문에 발이 다시 작아집니다.

간단한 거였군요. 그렇다면 발의 크기가 가장 작은 아침에 구두를 사는 게 아니라 발의 크기가 가장 커진 저녁 때 구두를 사야 하는군요. 그렇다면 이것은 조명품 양의 과학적 무지가 낳은 실수라는 결론이 나옵니다.

 과학공화국
생물법정 4

🙂 판결합니다. 피고 측 변론을 통해 사람의 발의 크기가 피의 양에 따라 커지기도 하고 작아지기도 한다는 것을 알았습니다. 그러므로 조명품 양은 자신의 발이 가장 작은 아침에 구두를 샀으므로 발이 커진 저녁에 신발이 작아진 느낌을 받은 것은 당연합니다. 조명품 양은 이번 사건을 계기로 다시는 아침에 신발을 사지 않기를 바랍니다. 가능하면 늦게 그것도 하루 종일 발이 퉁퉁 붓도록 돌아다닌 다음에 사도록 하세요.

다리가 저려서 깨진 데이트

양반 다리로 오랜 시간 앉아 있으면 왜 쥐가 날까요?

과학공화국의 다섯 손가락 안에 드는 대기업인 고급물산의 후계자인 최고급 씨는 요즘 얼굴에서 미소가 떠나갈 날이 없었다. 그 이유는 바로 최근에 백서른세 번째 맞선에서 만난 한미모 양 때문이었다. 최고급 씨는 상류층 남자로 어릴 때부터 격식만을 차리며 사는 생활에만 익숙해져 있었다.

그는 어릴 때부터 쭉 온실 속의 화초처럼 자라 왔으며 엄격한 예절 교육으로 오랜만에 만난 사람과의 인사법 여덟 가지를 외우고 있어야 했고, 처음 만났을 때에는 악수를 먼저 청해야 하는지 자기 소개를 먼저 해야 하는지에 대한 대처법 세 가지도 늘 기억하고 있어야 했다. 버스나 지하철을 타 본 적도, 심지어는 계단을 한 층 이상 올라가 본 적도 없었다. 여태껏 맞선 자리에서 만나 왔던 여자들도 모두 자기와 같이 도도하고 똑 부러지는 부유한 상류층의 자제들뿐이었다. 하지만 그녀를 만나게 되면서 그는 이리저리 계산하지 않고 편하게 사람을 대하는 법을 배우게 되었다.

미모 양은 보통의 상류층 아가씨들처럼 도도하지 않고 매우 털털했으며 최고급 씨와는 다르게 일반 시민들과 같은 다양한 사회 경험도 해 봤다고 했다. 한미모 양도 최고급 씨와 대화를 나누면 나눌수록 끌리는 자신을 발견했다.

마침내 두 사람은 연인 사이로 발전하였고 30년간의 솔로 인생을 청산하고 드디어 애인이 생긴 최고급 씨에게는 한미모 양이 하늘에서 내려온 천사와 같았다. 맞선 이후로 세 번째 데이트가 되자 한미모 씨가 자신의 단골집으로 최고급 씨를 초대했다. 최고급 씨는 조금 걱정되기는 했지만 스스로를 안심시키며 한미모 씨와의 약속 장소로 나섰다.

한미모 씨가 그를 불러 낸 곳은 바로 삼겹살 전문점이었다. 이야기만 들었지 실제로 한 번도 삼겹살을 먹어 본 적이 없었던 최고급 씨는 걱정스러운 마음으로 식당에 들어섰다. 설상가상으로 식당에는 식탁과 의자로 된 자리가 없어 방에 마련된 자리에 앉아야 했다. 한 번도 양반 다리를 해 본 적이 없었던 최고급 씨는 어찌 해야 할지를 몰라서 여자처럼 다리를 옆에 두고 조심스레 앉았다. 처음에는 견딜 만했으나 차차 그의 다리가 져려 오기 시작했다.

"어디 불편하세요, 고급 씨?"

그녀가 생글생글 웃으며 묻자 최고급 씨는 차마 다리에 쥐가 났다고 해서 그녀를 언짢게 만들고 싶지 않았다.

"아하하, 아…… 아닙니다. 고기가 너무 맛있네요. 제가 늘 먹던 티본스테이크와는 또 다른 맛인데요."

"어머 정말요? 다행이다. 저 사실 속으로는 입맛에 안 맞으시면 어쩌나 걱정 많이 했거든요. 호호."

사실이었다. 정말 고기는 맛이 있었으나 지금 최고급 씨에게는 고기의 맛 따위는 느껴지지도 않았다 한쪽 다리가 완전히 마비되어 이제는 감각이 느껴지지가 않았기 때문이다. 다행히 한미모 양이 잠시 화장실을 간 사이에 다리를 어렵게 움직여 양반 다리로 고쳐 앉았다.

잠시 후 돌아온 그녀와 화기애애하게 이야기꽃을 피우던 그는 자신의 다리 상태를 까맣게 잊은 채 화장실을 가기 위해 몸을 일으켰다.

"어, 어어……!"

와장창!

그는 그만 저린 다리로 일어나다 비틀거리며 넘어지고 말았다. 그런데 그 넘어진 곳이 하필이면 그녀의 무릎 위였다.

"꺄아아아악……! 이 변태!"

그렇게 최고급 씨의 백서른세 번째 맞선은 끝이 났다. 그는 눈물을 흘리며 그녀를 떠나보냈고 의자 없는 자리밖에 없었던 식당을 생물법정에 고소했다.

근육 속의 영양분이 산소에 의해 분해되면서
에너지를 얻게 되고 찌꺼기는 피가 다시 운반해 갑니다.
그런데 불편한 자세로 오래 앉아 있으면 영양분의 분해와
찌꺼기 청소가 제대로 이루어지지 않아 경련이 오는 것입니다.

과학공화국
생물법정 4

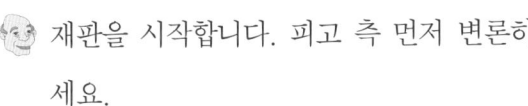

불편한 자세가 정말 발을 저리게 하는 걸까요?
생물법정에서 알아봅시다.

🙂 재판을 시작합니다. 피고 측 먼저 변론하
세요.

😄 발이 저리면 코에 침을 바르면 되지, 뭘 그
까이꺼 가지고 재판까지 한담. 자신이 잘못해 놓고 말이야.

🙂 코에 침을 바르면 정말 안 저립니까?

😄 우리 할머니가 그랬습니다.

😀 판사님, 지금 피고 측 변호사는 과학적 근거가 없는 얘기를
통해 과학 재판을 방해하고 있습니다.

🙂 인정합니다, 피고 측 변호사. 과학적으로 설명할 수 있는 얘
기만 하세요.

😄 좋아요. 그게 아니라면 야옹야옹 하면 되지요.

🙂 그건 또 무슨 소립니까?

😄 쥐가 걸렸으니까 저린 거 아닙니까? 그러니까 고양이를 부르
면 쥐가 도망가지 않을까요?

🙂 변론 집어치우세요. 더 듣다간 귀에서 고양이 소리 들릴 것
같습니다. 원고 측 변론하세요.

😀 오랫동안 다리가 저려 고생하다가 최근에 건강이 회복된 이

강자 할머니를 증인으로 요청합니다.

60대로 보이는 할머니 한 분이 성큼성큼 증인석으로 걸어
들어왔다.

 정정하시군요.

아주 튼튼하지.

다리가 왜 저리는 거죠?

자세가 불편해서 그래.

어떤 자세가 말이죠?

우리도 이제 입식 생활을 해야 해. 바닥에 그대로 앉아 있으
면 발이 짓눌리잖아. 그럼 피가 통하지 않게 되거든. 그래서
다리가 저려 오거나 쥐가 생기거나 하는 거야.

좀 더 자세히 설명해 주시죠.

쥐라는 거 말이야. 그건 팔이나 다리에 경련이 일어나 잘 움
직이지 못하는 걸 말해.

그렇지요.

끼어들지 말고.

알겠습니다.

근육은 근육 속에 있는 영양분이 피가 운반한 산소에 의해 분
해되면서 움직일 수 있는 힘을 얻거든. 이때 생긴 찌꺼기는

피가 다시 운반해 가지. 그런데 근육을 심하게 움직이거나 아니면 불편한 자세로 오래 앉아 있으면 피가 잘 통하지 않아 근육으로 산소 공급이 잘 안 되는 거야. 그래서 근육 속의 영양분의 분해와 찌꺼기 청소가 제대로 이루어지지 않아 딱딱하게 경련이 오는 거야.

그렇군요. 의자에 앉아 오래 있으면 경련이 덜 일어나겠군요.

물론이지.

판사님! 감 잡으셨죠?

결정했습니다. 나도 갈빗집 같은 데 오래 앉아 있다가 일어서면 다리가 저려서 비틀거린 적이 한두 번이 아니야. 주인들은 서서 서빙하니까 잘 모르겠지만 앉아 있는 사람은 너무 불편하거든. 이참에 앞으로 모든 식당을 의자에 앉아 다리를 펴고 혈액순환이 잘 되게 한 상태에서 식사할 수 있도록 하는 법을 정부에 건의할까 합니다.

갑자기 다리에 쥐가 나면 어떻게 해야 할까요?

근육에 피로가 쌓이거나 갑자기 충격을 받으면 일시적으로 근육의 세포막 안쪽과 바깥쪽의 균형이 깨어져 수축된 근육이 이완되지 않는 현상이 생기는데 이를 '쥐가 났다'고 표현한다.
이때, 무릎을 펴고 엄지발가락을 발등 쪽으로 강하게 젖히면 도움이 된다.

오줌으로 빨래를?

오줌 속 암모니아가 빨래를 깨끗하게 해 줄 수 있을까요?

늘하얀시티의 구다리 세탁소는 오늘도 그 좁디좁은 가게 안에 사람이 득시글거렸다.

"에구, 차례를 좀 지켜요."

"내가 먼저 왔어요. 이거 왜 이래요?"

"무슨 소리! 난 한 시간 전부터 와서 기다렸다고요."

사람들은 너도나도 때가 탄 옷들을 들고 서로 먼저 세탁을 맡기려고 아우성이었다.

"자아, 자. 여러분 번호표를 나누어 줄 테니 그렇게 싸우지들 마시고 차례차례 순서를 지켜 주시게. 허허허……."

사람 좋아 보이는 미소를 지으며 손세탁 할아버지가 번호표를 하나씩 사람들에게 나누어 주었다. 옆에서는 박둘손 할머니가 사람들의 세탁물에 하나하나 이름표를 달고 있었다. 이렇게 하나 둘씩 세탁물을 맡기기 시작해 해질 무렵이 되어서야 세탁소 안은 사람들의 발길이 끊겼다. 사람 키만큼 쌓인 옷 무더기를 보며 손세탁 할아버지가 흐뭇한 표정으로 이야기했다.

"할멈, 우리 이제 슬슬 시작해 볼까?"

"에구…… 그럴까요……?"

할아버지와 할머니는 의미심장한 미소를 지으며 옷들을 세탁실로 옮겨가기 시작했다.

반면에 옆 가게인 뉴컴퓨터 세탁소의 최신식 씨는 발만 동동 구르고 있었다. 얼마 전 문을 연 자신의 세탁소는 사람들이 본 체 만 체 하고는 계속 구다리 세탁소만 가기 때문이었다. 처음에는 새로운 세탁 기계에 빠른 세탁을 자랑하는 뉴컴퓨터 세탁소에 혹한 몇몇 사람들이 옷을 맡겼지만 다들 가 버리기가 일쑤였다.

"에이…… 이게 뭐야. 저 옆의 구다리 세탁소만큼 깨끗하지 못하잖아? 값이 싸다기에 와 봤더니 역시 싼 게 비지떡이지."

"이게 뭐예요? 얼룩이 그대로잖아요! 이 가게 컴퓨터는 내 옷 얼룩은 못 지우나 보죠? 흥!"

심지어는 화를 내는 손님들까지 있었다. 최신식 씨는 고민에 빠졌다.

"도대체 저 가게는 어떻게 세탁을 하기에 우리 가게의 최고급 기계들보다 깨끗하게 세탁을 하는 거지? 비결이 뭘까?"

옆 가게의 비법이 너무나 궁금해진 최신식 씨는 야심한 밤에 몰래 구다리 세탁소를 염탐하기로 마음먹었다.

'할아버지, 죄송하지만 저도 좀 먹고 살아야겠습니다. 흐흐흐.'

그는 음흉한 웃음을 띠며 세탁실의 창문을 들여다보았다.마침 할아버지와 할머니는 한창 빨래 중이었다. 그때, 최신식 씨의 눈에 할머니가 무엇인가를 손에 들고 빨래에다 뿌리는 모습이 보였다.

"저게 뭐지?"

그는 준비해 온 망원경을 눈에 갖다 대고는 뚫어져라 쳐다보았다.

"헉! 저건?"

할머니가 손에 든 것은 바로 요강이었다. 요강에 받아 놓은 오줌을 빨래에 뿌리며 세탁을 하고 있었던 것이다. 최신식 씨는 속이 메스꺼워지는 것을 참으려 입을 틀어막았다.

"이럴 수가, 저런 나쁜 사람들을 보았나! 내 가만두지 않겠어!"

다음 날 최신식 씨는 헐레벌떡 생물법정으로 달려갔다.

오줌에 들어 있는 질소성 노폐물은 공기 중에 방치해두면
암모니아로 변하고, 이를 물에 녹이면 암모니아수가 됩니다.
암모니아수는 찌든 때를 없애 주는 역할을 할 수 있습니다.

오물로 한 세탁이 깨끗할 수 있을까요?
생물법정에서 알아봅시다.

재판을 시작합니다. 먼저 최신식 씨 측 변론하세요.

오줌이 얼마나 더러운 겁니까? 그래서 버리는 거잖아요? 유식한 말로 몸속의 노폐물을 버리는 게 바로 오줌이에요. 그걸 배설 작용이라고도 하고요. 그런데 오줌으로 빨래를 하다니! 미쳤어요. 아무리 세제 값이 올랐다고는 하지만 이런 방법으로 세탁소를 운영하면 우리 국민은 누구를 믿고 빨래를 맡깁니까?

생치 변호사! 너무 거창한 거 아닙니까?

조금 오버 좀 해 봤습니다. 오줌이라는 말에 열을 받아서요.

그럼 좀 쉬세요. 이번에는 구다리 세탁소 측 변론하세요.

저는 민간 생물학 연구소의 이오물 할아버지를 증인으로 요청합니다.

꼬질꼬질한 한복을 입은 60대의 노인이 증인석으로 천천히 걸어 들어왔다.

증인이 하는 일은 뭐죠?

비싼 거 말고 싼 거 있지? 우리가 버리거나 주위에 흔한 거 가지고 뭐 좀 해 보는 연구를 오래해 왔지.

어떤 연구인데요?

요즘은 세제를 사용하지 않고 빨래하는 방법을 연구 중이야.

어떻게 그게 가능하죠?

과거 우리 선조들이 사용하던 방법을 쓰면 돼.

그럼 본론으로 들어가서 오줌으로 빨래할 수 있나요?

물론이야. 오줌은 양잿물처럼 옷에 묻은 찌든 때를 벗겨 낼 수 있어.

어떻게 그럴 수 있지요?

오줌에 들어 있는 질소성 노폐물은 공기 중에 방치해두면 암모니아로 변하고, 이를 물에 녹이면 암모니아수가 돼. 그것이 찌든 때를 없애 주는 역할을 하는 거지. 그러니까 뭘 비싼 세제를 써? 오줌을 모아서 하면 되는 거지.

조금 찝찝하군요.

깨끗함은 과학 속에 있는 거야.

명언이십니다. 판사님 판결 부탁드립니다.

판결합니다. 오줌에 빨래 기능이 있다는 걸 오늘 처음 알았습니다. 하지만 설령 그 기능이 있다 하더라도 오줌에 대한 나쁜 인식을 가지고 있는 사람들이 많으므로 구다리 세탁소 측

에서는 세탁물을 맡긴 손님들에게 오줌을 이용해도 된다는 동의를 받고 오줌을 사용했어야 할 것입니다. 앞으로는 오줌을 이용하여 찌든 때를 없애 준다는 소문을 내고 그래도 오는 손님의 세탁물만을 받을 것을 권고합니다.

재판 후 많은 사람들이 구다리 세탁소에 맡긴 세탁물을 찾아 최신식 씨의 세탁소에 맡겼다. 구다리 세탁소는 이대로 망할 위기에 처했다. 하지만 그것은 잠시뿐, 시간이 지나 구다리의 민간 세탁 요법이 더럽지 않다는 것이 점점 더 알려지면서 다시 사람들은 구다리 세탁소에 일감을 맡기기 시작했다.

다양하면서 놀라운 오줌의 쓰임

오줌은 일차적으로 체내의 노폐물을 체외로 배출하는 역할을 하지만 과거에는 단순한 노폐물로 치부되지 않고 다양한 용도로 사용되었다.

오줌은 흔히 비위생적이라고 생각하기 쉽지만, 고대의 로마에서는 오줌과 표백토를 섞어 비누로 사용했고 《삼국지 위지 동이전》에 따르면 우리 선조들은 오줌으로 손을 씻고 옷을 빨았다는 기록이 전해진다.

또한 오줌은 철을 단단하게 만드는 데도 사용되었다. 요소나 암모니아에 포함된 질소 성분이 철과 반응하여 단단한 질화철을 만들기 때문이다. 최근에는 오줌을 직접 넣지는 않고 오줌 대신 요소나 암모니아를 첨가한다.

물 마시기를 강요하는 이유가 뭐죠?

물을 많이 마시면 왜 머리가 좋아질까요?

"나, 이번엔 꼭 붙어야 해. 내 꿈인 건축가가 되기
위해선 이를 악물고 완전 열심히 해야 해!"

"불끈, 우지직! 나야말로 동물들을 위해 꼭 수의대
에 합격하고 말 거야."

"근데 너 어제 넘 일찍 잠드는 것 같더라."

"너야말로 어제 수업 하나도 안 듣던데?"

신건죽과 하수의는 둘도 없는 오랜 친구였다. 두 사람의 만남은
유치원에서부터 시작되었다. 유치원에 처음 갔던 날 유난히 부끄
러움이 많았던 신건죽은 친구들과 함께 어울리지 못하고 있었다.

수의는 건죽이와 달리 동네에서도 알아주는 말썽꾸러기였다. 말썽꾸러기였을 뿐만 아니라 유치원 내에서도 거의 짱으로 통하고 있었다. 그런 수의의 눈에 유치원 한 귀퉁이에서 홀로 블록 놀이를 하고 있는 건죽이가 보였다. 친구들에 둘러싸여 있던 수의는 건죽이에게서 눈을 떼지 못하고 있었다.

"저 애는 왜 혼자 저렇게 있어?"

"아, 쟤. 우리 동네 사는데 별로 말도 없고 친하려면 어려운 친구야. 그래서 친구도 별로 없어."

"그래도 다 같이 놀아야지. 저렇게 혼자 있으면 심심하잖아."

"몰라, 말을 걸어도 대꾸도 않고, 좀 건방져서 내가 손 봐 줄까 하고 있는 중이야."

신기하고 희귀한 것을 보면 참지 못하는 수의는 이 친구의 말을 이해하지 못했다.

"야, 쟤가 말이 없으면 그럴 만한 이유가 있는 거 아니겠어? 근데 무작정 손부터 봐주려 한다는 건 좀 아니라고 본다."

짱인 수의의 말에 옆에서 재잘대던 친구가 움찔해서 입을 쌜룩거리고 있었다.

"그래도 너무 건방지게 굴어, 뭐."

"아냐, 그럼 내가 가보지. 네 사교성에 문제가 있는 건 아닌가 모르겠군. 난 저 애도 친구로 만들 자신 있거든."

수의는 이렇게 말하고 건죽이에게 다가갔다.

"넌 왜 이렇게 혼자 있어? 재미있니?"

"상관할 거 없잖아."

건죽이는 의외로 까칠하게 나오고 있었다.

"야, 너가 이렇게 까칠하게 나오니까 친구들이 쉽게 다가오지 않는 거야, 너 은근히 친구 없지?"

"무슨 상관이야, 난 친구 같은 거 필요 없어."

워낙에 친구들이 다양했던 수의는 까칠하긴 해도 수줍음 많은 건죽이가 미워 보이지 않았다.

"같이 놀면 좋잖아. 까칠하게 왜 이러셩."

수의가 친한 척을 하며 건죽이에게 깝죽대고 있었다.

"우아…… 근데 이거 다 너가 만든 거야? 진짜 멋있다. 우리 동네엔 너만큼 이렇게 잘 만드는 친군 없어."

"난 커서 꼭 건축가가 될 거야. 사람들에게 멋진 집을 지어 줄 수 있는 사람이 되고 싶어."

"오우…… 아주 멋진데. 너 정말 맘에 든다. 담에 건축가 되면 꼭 내 동물 병원은 너에게 맡길게."

건죽이가 만든 블록은 어린이가 만들었다 하기엔 안 믿길 정도로 창의성도 돋보이고 멋있었다. 이 일을 계기로 친하게 된 건죽이와 수의는 우연히도 그 후로 계속 같은 학교를 진학하게 되었다. 소심하고 소극적이었던 건죽이도 선천적으로 유쾌하고 밝은 수의 덕에 많이 밝아졌다.

"건축아, 우리 초등학교를 거쳐 중학교도 같은 학교야. 이런 인연이 있나."

"너 날 너무 좋아하는 거 아냐? 내가 중학교는 따라오지 말랬잖아."

"짜식, 너야말로 날 너무 좋아하니까 중학교까지 따라온 거 아냐?"

중학교에 들어가서도 두 사람은 늘 붙어 다녔다. 공부도 같이 하고 밥도 같이 먹고 학교도 같이 가고 거의 한집에 사는 가족과 다를 바 없었다. 그렇게 늘 같이 다녔던지라 두 사람은 성적도 비슷했고, 성향도 비슷해져 가고 있었다.

"시립 미술관에서 세계 건축 박람회 하던데, 우리 같이 가보장!"

"그래? 너한테 아주 좋겠는걸. 이참에 나도 눈팅 좀 하는 거야! 내일이 토욜이니까 낼 가서 보고 밥도 먹장."

"역시, 넌 내 베프야. 부탁하기가 하나도 부담스럽지 않고 말이지."

처음 만났던 그대로 두 사람의 꿈은 한 치의 흔들림도 없었다. 두 사람은 서로의 꿈에 관한 정보도 모아 주고 서로의 시간도 할애해 주면서 여전히 꿈을 키워 가고 있었다.

이렇게 서로 위로하며, 도와주며 두 사람은 형제보다 진한 우정을 쌓아 가고 있었다. 하지만 두 사람에게도 사춘기는 비켜 가지 않았다. 중학생 때까지만 해도 서로 반에서 일등을 놓치지 않았던 두 사람은 고등학생이 되자 점점 성적이 떨어지기 시작했다.

"고등학교 공부가 어렵다고는 들었지만, 그래도 내 성적이 이정도로 바닥일 줄은 몰랐어."

과학공화국
생물법정 4

"나도 완전 성적 떨어져서 어제 밤새 야단 듣고 난리도 아니었어."

"우리, 너무 많이 놀았던 것일까?"

"좀 놀긴 했지. 이제 우리도 코피 터지게 공부 좀 해 보자."

두 사람은 학교 시험이 끝나고 결과가 나올 때마다 이렇게 서로 다짐을 했다. 하지만 한 번 떨어진 성적은 쉽사리 오를 기미를 보이지 않았다. 고등학교 공부 자체가 어려웠던 점도 있었다. 하지만 서로를 너무 잘 아는 두 사람은 놀 수 있는 아이템이 너무 많았다. 그리고 매번 두 사람은 그 놀거리 아이템을 스쳐 지나치질 못했다. 공부를 하자는 의지를 불태우면서도 놀거리가 눈에 들어오면 정신을 못 차렸다.

"어제, 그거 봤어? 〈세계의 건축탐험〉, 5시에 엠비에스에서 방송하던 거!"

"응, 나 그거 보면서 네 생각하고 있었지."

"완전 멋지지 않아? 사람 손에서 어떻게 그런 건축물이 나오지?"

"내가 건축을 할 건 아니지만 정말 장난 아니더라고. 담에 꼭 너 대학 가고 건축 전공해서 그것보다 더 좋은 건물 올려."

"당연하지, 넌 행운인 줄 알아. 나 같은 위대한 건축가를 친구로 둔걸 행운으로 여기라고."

두 사람은 대화를 시작했다 하면 끝맺을 줄을 몰랐다. 어찌나 이야기가 재미났던지 수업 시간마저도 이야기하기가 부지기수였다.

두 사람은 한 자라도 더 봐야 할 시간을 놀거리에 너무 많은 시간을 투자하고 있었다. 결국 두 사람은 고등학교 졸업 때가 되자 가고자 하는 대학 합격도 위태로운 수준이 되었다.

"이제 곧 원서 접수 시작인데, 우리 어쩌니?"

"공부 좀 더 열심히 할걸. 우리가 너무 건축 박람회와 애견 대회 이런 데만 치중한 것 같아."

"그래도 대학은 갈 수 있겠지?"

"대학은 가야 하는데, 정말 걱정이다."

이렇게 원서 쓰기 전에 걱정을 하더니 결국 두 사람은 모두 대학에 떨어지고 말았다. 이쯤 하면 이제는 떨어져서 다닐 만도 한데 두 사람은 재수 학원도 같은 곳을 다녔다.

"이번엔, 우리 진짜 열심히 해 보자."

"그래, 우린 꿈이 있으니까 그 꿈 보면서 이젠 진짜 열심히 하자."

이렇게 두 사람은 같은 재수 학원을 택해 들어갔다. 처음 몇 달은 열심히 하는 것 같았다. 하지만 여름이 되고 날씨가 더워지자 집중력도 떨어지고 처음의 그 의지도 약해져 갔다.

그러던 어느 날 날씨가 너무 더워지자 건죽이의 짜증 지수가 슬슬 올라가고 있었다. 오전까지는 괜찮았으나 오후가 되자 다른 학생들도 힘겨워하는 모습이 역력했다.

"더워 죽을 것 같아. 몸이 타는 것 같아."

"어떻게 에어컨을 틀어도 이렇게 덥냐? 완전 폭염이야."

날이 어찌나 더웠던지 앉아 있기도 힘들 정도였다. 건죽이와 수

과학공화국
생물법정 4

의가 다니는 학원은 매일 6교시를 했다. 그런데 이 학원은 특이점이 있었다. 학원은 특이하게도 수업이 끝나면 의무적으로 물 한 컵씩을 마시도록 했다.

"물을 마시지 않는 자, 우리 학원 문을 노크하지 말라."

어찌 된 영문인지는 모르겠지만 이 학원은 처음 들어갈 때부터 학원이 시키는 만큼 물을 마셔야만 학원에 들어가게 해 주었다. 학원에 입학시켜 주는 조건 중 하나가 원장님이 주는 물을 마시는 것이었다. 이상하다고 생각했지만 이 학원이 워낙에 이름이 난 학원이라 대수롭지 않게 여기고 두 사람은 이 학원으로 들어왔다.

평소 같으면 아무런 대꾸 없이 먹었겠지만 짜증 지수가 점점 높아져 가고 있는 상태라서 건죽이는 학원의 물먹기 강행 제도도 짜증스러워지고 있었다.

"손가락 하나 까딱 못하겠는데, 무슨 물을 마시라는 거야. 날도 더워 죽겠는데."

"날이 더우니까 마시라는 거지. 걍 마셔."

수의가 건죽이를 달래고 있었다.

"싫어, 내가 여기 공부 배우러 왔지, 물 마시러 온 건 아니잖아."

건죽이는 끝까지 물을 마시지 않았다. 건죽이가 물을 마시지 않고 있다는 소식이 들리자 원장 선생님이 오셨다.

"건죽아, 왜 물을 안 마시니? 이거 다 니들을 위한 거야. 그러니까 짜증 나더라도 마셔 두도록 해."

"싫어요. 우리가 물 먹는 하마도 아니고, 물 먹고 나면 배부르고 화장실 가고, 날이 더우니깐 화장실 가는 것도 귀찮은데 왜 자꾸 물을 마시래요?"

"신건죽, 이런 식으로 할 거야? 학원에 들어오면 물 마셔야 한다는 공고 보고 들어왔잖아!"

화가 난 원장 선생님이 건죽이에게 큰 소리로 화를 내고 있었다. 하지만 이미 더위에 늘어질 대로 늘어진 건죽이는 물은커녕 자세도 제대로 잡지 못하고 있었다.

"원장 선생님, 저 좀 보시라고요! 저 덥고 기운 빠져서 제대로 앉지도 못하고 있어요. 물 먹을 힘 하나도 없다고요."

"약속은 약속이야. 물을 마시기로 했으면 마셔야 해. 이것도 다 과학적인 데서 나온 방침이라고!"

"난 몰라, 난 몰라. 배 째요. 안 마신다고요. 하루쯤 물 안 먹는다고 큰일 나는 것도 아니잖아요!"

건죽이가 여전히 고집을 부리고 있었다. 참다못한 원장 선생님이 말씀하셨다.

"그래? 우리 학원은 물 마시는 학원으로 특성화되어 있어. 물을 마시지 않으려거든 학원을 나가. 더 이상 학원에 나올 필요 없어, 건죽 군."

물 마시기를 거부한다는 이유로 학원을 쫓겨나게 된 건죽이는 결국 학원을 생물법정에 고소해 버렸다.

물은 피 속에 독소가 있을 때 콩팥에서 독소를 제거할 수 있도록
도와주는 역할을 하므로 자주 마시는 것이 건강에 좋습니다.
단, 가능하면 식사 시간 20~30분 전에 두 잔,
하루에 여섯 잔 정도를 마시는 것이 좋지요.

물을 많이 마시면 머리가 좋아질까요?

생물법정에서 알아봅시다.

🧑 재판을 시작합니다. 먼저 원고 측 변론하
세요.

🧑 사람이 개성이 있는 거지. 뭘 억지로 물을
마시게 하는 거요. 안 그래도 수험생들은 스트레스를 많이 받
는데 매 시간 끝나면 물을 먹어야 한다는 것도 스트레스를 줄
거 아닙니까? 물은 안 그래도 밥 먹을 때 만날 먹는 건데 뭘
그렇게 물을 자꾸 강조하는지 그 이유를 모르겠습니다.

🧑 피고 측 변론하세요.

🧑 물과 건강 연구소의 이수강 박사를 증인으로 요청합니다.

얼굴에 혈색이 잘 도는 30대의 남자가 증인석으로 씩씩하
게 걸어 들어왔다.

🧑 증인! 사람이 물을 꼭 마셔야 합니까?

🧑 물론입니다. 물은 신진대사에 없어서는 안 될 필수 요소입니
다. 물이 부족한 걸 탈수 현상이라고 하는데 그렇게 되면 두
뇌 활동이 저하되지요.

🙂 아하! 그럼 수험생에게는 물을 자주 마시게 해 주면 머리가 좋아지겠군요.

🙂 그렇습니다. 물은 그 외에도 여러 가지 이로움을 줍니다. 예를 들어 피 속에 독소가 있을 때 콩팥에서 독소를 제거할 수 있도록 도와주므로 물을 자주 먹는 편이 좋습니다.

🙂 갈증 날 때 마시면 되는 게 아닌가요?

🙂 그땐 너무 늦습니다. 물은 가능하면 식사 20~30분 전에 두 잔을 마시는 게 좋고 식사 도중에 마시는 것은 별로 좋지 않습니다. 그리고 하루에 여섯 잔 정도를 마시는 것이 좋지요.

🙂 물의 또 다른 작용은 없나요?

🙂 많지요. 몸속의 단백질은 암모니아나 요소로 바뀌게 됩니다. 암모니아가 몸에 오래 머물게 되면 두뇌 활동이 흐려지고 아드레날린과 같은 호르몬이 만들어져 혈압이 올라가지요. 그러므로 물을 자주 마셔서 암모니아를 몸 밖으로 내보내는 것이 건강에 좋지요.

 🙂 물 마시는 방법

1. 하루에 1.5ℓ 이상 물을 마신다.
2. 조금씩 자주 마신다.
3. 물도 음식 먹을 때처럼 씹어서 먹으면 좋다.
4. 아침에 눈뜨자마자 그리고 취침 전에 마시는 생수 한두 잔은 보약과 같다.
5. 가능하면 끓이지 않은 순수한 물을 마신다. 그러나 오염된 물은 반드시 끓여 먹는다.
6. 차가운 물을 마신다. 온도가 낮은 물은 6각형 고리 구조를 만든다. 이는 생체 분자의 기능을 향상시키는 역할을 한다.

🙂 그렇군요. 그럼 게임이 끝난 것 같군요. 판사님!

🙂 물이 그렇게 좋은 음식인지 처음 알았어요. 물이 그런 놀라운 작용을 하다니 정말 대단합니다. 나

도 재판이 끝나는 대로 물 한 사발 마셔야겠군. 아무튼 판결
은 공부 잘 되라고 물 마시라는 거니까 따지지 말고 마시세
요. 건강에 좋은 물을 왜 안마시려고 하는 건지, 참. 모두 물
마시러 갑시다.

투수가 침 뱉는 게 죄인가요?

투수는 침을 뱉어야만 공을 잘 던질까요?

사건속으로

나던져 군은 어린 시절부터 야구의 신동이라 불릴
정도로 야구에 두각을 나타내었다. 나던져 군은 태
어날 때부터 야구에 대한 비범한 능력을 가지고 났
다. 나던져 군을 가지기 전 어머니가 태몽을 꾸셨는데, 그 태몽부
터가 예사롭지 않았다. 꿈속에서 나던져 군의 어머니인 김우아 씨
는 바다에서 물놀이를 하고 있었다. 물속에는 보기 힘든 예쁜 고기
들이 한가득이었다. 자존심이 남달랐던 김우아 씨는 물속의 고기
들보다 자신이 더 예쁘다는 것을 강조하기 위해 한껏 미모 자랑에
정신이 없었다.

"역시, 바다마저 질투할 정도로 내 미모는 뛰어난 거야. 물고기들아 미안해, 내가 너무 예뻐서 말이야. 근데, 저 허연 물체는 뭐지? 아까부터 좀 거슬렸어."

그러던 중 물속에서 이상한 기운이 비쳐서 김우아 씨는 물속을 유심히 살펴보고 있었다. 물속에는 어떤 하얀 물체가 오르락내리락하며 정체를 숨기고 있었다. 몸매 유지를 위해서 좀처럼 쉽게 움직이는 일이 없던 김우아 씨는 그 하얀 물체가 너무도 궁금해서 그쪽을 향해 가고 있었다.

"아무래도 궁금해. 혹시 보석 같은 거 아냐? 이 김우아를 움직이도록 하는 게 쉽진 않은데. 뭔가 아주 특별한 것일 거야."

잔뜩 기대를 하고서 김우아 씨는 하얀 물체에 점점 더 가까이 가고 있었다. 김우아 씨가 하얀 물체에 거의 다 다가갔을 때, 이상한 기운이 감지되었다. 기운이 어찌나 강했던지 김우아 씨가 휘청거릴 정도였다.

"이거, 기운이 범상치 않은데. 예사로운 것은 아닌 것 같아."

김우아 씨는 그 기운을 이겨 내지 못하면서도 그쪽으로 계속 다가가고 있었다. 김우아 씨의 손이 그 물체에 거의 닿으려는 순간 바다가 흔들거리더니 해보다도 더 큰 야구공이 바다에서 솟아나고 있었다. 근처에 있던 김우아 씨는 공이 어찌나 컸던지 그 공을 타고 있었다.

"이게 무슨 일이야, 우주인이 내려왔나? 바다에서 뭐가 솟아오른 거지?"

당황한 김우아 씨가 아래를 보았다. 김우아 씨는 다름 아닌 거대한 야구공을 타고 있었다.

"어? 이게 야구공인 거야? 무슨 야구공이 해보다도 더 커?"

야구공을 탄 것만으로도 정신이 없던 김우아 씨는 그 야구공의 속력에 한 번 더 놀랐다. 야구공이 어찌나 빠르고 힘 있게 날아가던지 멀미가 날 지경이었다.

"꺄악, 근데 야구공 너 뭘 믿고 이렇게 빨리 달리니? 완전 멀미나서 죽을 맛이야."

김우아 씨를 태운 야구공은 날고 날아 해를 향해 돌진해 갔다. 하지만 해 앞에서도 그 힘이 어찌나 강했던지 하나도 궁색하지가 않았다. 이렇게 황당했지만 인상 강한 꿈을 꾼 김우아 씨는 며칠 후 임신이라는 기쁜 소식을 듣게 되었다. 그 후로 김우아 씨는 혹시 태어날 아이가 야구계의 신동은 아닌가 하고 기대를 하게 되었다. 그리하여 김우아 씨는 나던져를 낳는 산부인과도 야구장이 훤히 내려다보이는 곳으로 정했다.

아니나 다를까, 나던져는 어릴 때부터 야구에 남다른 재능을 보였다. 말도 하지 못할 그때부터 나던져는 공이라면 사족을 못 썼다. 공이라면 물고 집고, 차고 하는 것이 그 나이 또래의 아이들과는 완전 달랐다.

"역시, 내 태몽이 예사는 아니었어요."

"당신 또 그 태몽 이야기하는 거야?"

"우리 아들, 야구를 시키면 딱일 거예요. 벌써 봐요. 다른 애들과는 공 쥐는 것부터가 달라요."

"던져가 하고 싶은 것을 시켜야지, 우리가 던져의 인생을 미리 정해둘 수는 없는 거잖아."

우아씨의 남편이 차분하게 이야기하고 있었다.

"두고 봐요, 우리 던져는 꼭 야구의 길을 가게 될 거예요. 내 태몽이 다 말해 준다고요."

"그저 태몽에 빠져서는…… 우선 건강하고 바르게 잘 키우고 꿈은 던져에게 맡겨 두는 거야."

두 사람은 밤이면 밤마다 던져에 대한 이야기로 시간 가는 줄을 몰랐다. 그만큼 던져는 부모님에게서 많은 사랑을 받고 자라고 있었다.

다섯 살이 되던 해, 던져는 웬만한 야구 선수는 저리 가라 할 만큼 전문가가 되어 있었다. 어른들도 야구 경기를 보다가 모르는 것이 있으면 던져에게 물어 볼 정도였다.

"던져야, 점수를 내려면 어떻게 해야 하니?"

"홈런을 치는 것이 젤 좋고, 아님 한 사람 한 사람 타자들이 힘을 모아야 해요. 그래야 일루씩 가서 홈으로 올 수 있거든요."

"우리 던져는 어쩜 이렇게 야구라면 모르는 것이 없니? 완전 감동이다."

과학공화국
생물법정 4

"글쎄요, 난 야구라면 한 번만 들어도 다 알아요."

"정말? 던져는 대단한 능력을 가졌구나!"

"뭐 그 정도야, 별것 아닌 거죠."

사람들이 감탄하면 할수록 던져 군의 지식은 더 늘어만 갔다. 거기에다가 나이를 한 살씩 더 먹어 갈수록 야구 실력 또한 눈에 띄게 늘어 가기 시작했다. 초등학교에 들어간 던져 군은 드디어 리틀 야구단에 들어가게 되었다. 던져 군은 물론 부모님들까지도 던져 군이 야구의 길을 가는 것은 거의 당연시되고 있는 분위기였다.

"거봐요, 여보. 내가 뭐랬어요. 우리 던져는 야구 선수의 피가 흐른다고 했잖아요."

"참, 거 꿈이 무시할 게 아닌가 봐. 나도 설마 설마 했는데 사람들이 우리 던져 보고 야구 신동 났다고 칭찬이 장난이 아냐."

"던져는 꼭 세계적인 야구 선수가 될 거라고요."

던져 군 부모님의 이런 호들갑도 무리는 아니었다. 리틀 야구단에 들어간 던져 군의 실력은 어느 학년의 선수보다 뛰어났다. 어찌나 뛰어났던지 던져 군은 입단 후 한 번도 후보 선수로 있어 본 적이 없었다. 어린 시절부터 야구에 관한 책이란 책은 모두 읽어 버려서 머릿속에 들어 있는 지식만 해도 어마어마했다. 던져 군은 몸으로만 하는 야구가 아니라 머리로 하는 야구를 해 내고 있었다.

"엄마, 난 과학 야구를 하고 싶어요. 사람들이 운동은 몸으로만 하는 것이라고 생각하는데, 난 그런 거 아니라고 생각해요."

"아이쿠, 우리 던져가 그런 생각도 다 했어? 역시 우리 아들이야. 기특하네, 내 아들."

"몸도 만들고 체력도 길러야겠지만, 다른 공부도 좀 해야겠어요. 그래야 과학 야구를 만들 수 있죠."

"장하다 내 아들. 역시 넌 평범하지 않아. 최고보단 최선을! 알지?"

던져 군은 좋은 아이디어가 떠오를 때마다 메모해 두었다가 부모님께 말씀드리곤 했다. 매번 부모님은 던져 군의 의견을 잘 들어 주었고, 그것이 던져 군에게는 엄청난 힘이 되었다.

초등학교 리틀 야구단에 들어간 후로 던져 군 팀은 한 번도 진 적이 없었다. 똑똑한 던져 군은 팀의 전략까지 세워서 감독님께 제시하곤 했다. 감독님도 던져 군의 능력을 너무 잘 알았기 때문에 던져 군의 의견을 팀 전략에 적극적으로 활용해 주셨다. 너무 뛰어났던 던져 군은 초등학교 3학년이 되자 리틀 야구단의 주장이 되었다.

"우리 아들, 역시 우리 아들이야. 우리 던져가 최연소 야구단 주장인 거 알지? 엄마는 너무 자랑스럽단다."

"난 그런 거 관심 없어요. 야구를 할 수 있는 것만도 감사해요, 엄마."

"그래도 우리 아들 실력이 검증을 받는다는 거잖아. 아들 앞으로도 더 열심히 해."

"당근이지, 엄마. 난 야구 없으면 못 살아요."

던져 군의 엄마 김우아 씨는 아들이 너무도 자랑스러웠다. 김우아 씨의 입에서는 아들에 대한 자랑이 끊이는 날이 없었다.

던져 군은 별 무리 없이 야구 선수 생활을 해 나가고 있었다. 중학생이 되고 고등학생이 되어서도 던져 군의 야구 실력은 어디 한 군데 흠잡을 데가 없었다. 나이를 먹을수록 던져 군의 유명세는 더해져만 갔다.

"이번에 던져 군이 무리쳐 고등학교로 갔다며?"

"응, 그렇다고 하더라고. 끝까지 물러나 고등학교와 무리쳐 고등학교가 싸웠는데 결국 던져 군이 무리쳐 고등학교를 택했다나."

"왜 그랬대?"

"그게, 던져 군의 성장이 너무 빠르니깐 벌써부터 프로 쪽에서 연락이 오고 있나 봐. 근데 아직 던져 군의 골격이 그 정도가 아니다 보니 시간이 좀 필요하대."

"그래서?"

"물러나 고등학교는 고등학교 3학년을 모두 다녀야 하는 조건에 장학금을 많이 주는 것이었고, 무리쳐 고등학교는 몸이 어른 몸으로 자리 잡아 가면 언제라도 프로에 갈 수 있다는 조건이었거든."

마을 사람들이 나던져 군보다 이미 더 많이 알고 있었다. 이렇게 해서 무리쳐 고등학교로 들어가게 된 나던져 군의 몸은 어느덧 어른스럽게 변해 가고 있었다. 원래 운동을 해서 골격은 잡혀 있었지만 프로에서 뛰기 위해서는 좀 더 탄탄한 몸이 필요했다. 고등학교

2학년 여름 방학이 되자 던져 군은 프로에 입단하게 되었다. 여기저기서 팔을 뻗치는 구단이 많았다.

프로 구단을 택할 때도 나던져 군은 신중에 신중을 기했다. 던져 군 자신이 워낙 실력이 있다 보니 던져 군이 택한 곳은 제일 꼴찌인 팀이었다. 원래 잘하던 팀보다는 못하는 팀에 들어가서 그 팀을 일등으로 끌어 보겠다는 심사였다.

"세상에나, 그 많은 스카우트 제의를 마다하고 꼴찌왕 팀에 들어가기로 했대요, 글쎄."

"꼴찌왕은 꼴찌를 너무 많이 해서 돈도 없을 건데, 어쩜 거기로 갔대요?"

"던져 군이 일으켜 세우겠다는 심사래요. 그래도 어려울 건데. 웬만한 꼴찌도 아니고 만년 꼴찌이다 보니……."

하지만 사람들의 우려와는 달리 던져 군이 프로로 등단한 첫 해 꼴찌왕 팀은 결선까지 진출하게 되었다. 사람들은 이변이 일어났다며 다시 한 번 던져 군의 능력에 감탄하고 있었다. 던져 군은 보란 듯이 승리를 하고 싶었다. 이 추세로 간다면 던져 군 팀의 승리도 멀지 않은 듯 보였다.

하지만 승세를 타던 던져 군 팀에 큰 제약이 들어왔다. 던져 군은 공을 한 번 던질 때마다 바닥에 침을 뱉는 습관이 있었다. 하지만 이 침 뱉는 모습이 불쾌감을 유발한다는 시청자들의 항의가 빗발쳤다. 그러자 야구 위원회에서는 '침 뱉기 금지'라는 조항을 넣어 선수들의 침 뱉기를 금지해 버렸다. 수년을 계속해 오던 습관이 제약을 받자 던져 군은 심기가 불편했다. 평소와 같다고 생각하고 공을 던졌지만, 공은 생각과는 달리 나갔다. 마음을 가다듬고 다시 공을 던져 보았지만, 생각처럼 잘 던져지지 않았다. 이런 경우는 처음이었다. 시간이 갈수록 던져 군은 당황하기 시작했다. 결국 던져 군의 팀은 시합에서 지고야 말았다. 한 번도 진 적이 없었던 던져 군은 이 모든 것이 침을 못 뱉게 했기 때문이라 생각했다. 던져 군의 엄마 김우아 씨도 억울해서 어쩔 줄 몰라 했다. 더군다나 지금까지 한 번도 내어 준 적이 없던 홈런을 내어 주었기에 명예에는 치명타였다. 아무리 생각해 봐도 침 뱉기가 마음에 걸린 던져 군은 프로야구위원회를 생물법정에 고소하기로 했다.

투수들은 자신이 긴장하고 있음을 드러내지 않기 위해
침 뱉기를 하는 것이지요. 또한 마운드 주변에는
항상 먼지가 고여 있어 다른 종목에 비해 투수들은 먼지를 많이
마시게 되어 침을 더 자주 뱉을 수밖에 없는 것입니다.

투수는 왜 침을 자주 뱉을까요?
생물법정에서 알아봅시다.

재판을 시작합니다. 먼저 피고 측 변론하
세요.

나도 예전부터 프로 야구를 볼 때 선수들이
침을 퉤 뱉는 걸 보고는 구역질이 났어요. 제발 운동 중에 침
좀 안 뱉고 할 수는 없는지. 그래야 시청자들도 즐겁게 볼 수
있지. 이거 뭐 볼 때마다 더러움을 느끼면서 어떻게 본단 말
입니까? 그러므로 저는 프로야구위원회의 이번 결정을 아주
환영합니다.

원고 측 변론하세요.

이번에는 제가 직접 변론하겠습니다.

그러세요.

사람이 긴장을 하거나 흥분을 하게 되면 심장 박동 수가 빨라
지고 혈압이 높아집니다. 그래서 입 안에 고이는 침의 양도
많아지지요.

그게 야구와 투수와 무슨 관계가 있지요?

야구는 투수 놀음이라고 합니다. 즉 야구에서 투수가 차지하
는 비중이 크다는 말이지요.

🙂 그건 알아요.

😀 투수들은 상대방 타자가 치지 못하는 공을 던지기 위해 한 구 한 구를 던질 때마다 긴장을 합니다. 특히 루 상에 주자가 나가 있을 때는 더 많이 긴장을 하지요. 그러므로 투수들은 다른 선수들에 비해 입 안에 침이 자주 고이게 되지요.

🙂 그럼 삼키면 되잖아요?

😀 침을 삼키는 행동은 자신이 긴장하고 있다는 것을 인정하는 것이 되므로 그와 반대의 행동인 침 뱉기를 하는 것이지요. 또한 마운드 주변에는 항상 먼지가 고여 있어 다른 종목에 비해 투수들은 먼지를 많이 마시게 되지요. 그래서 더 침을 자주 뱉을 수밖에 없는 것입니다.

🙂 그런 이유가 있었군요. 그렇다면 투수들이 좋은 공을 던져 좀 더 질 높은 프로 야구 경기가 되기 위해서는 침 뱉기를 허용해야겠군요. 좋아요. 프로야구위원회의 이번 결정을 재검토하도록 요청하겠어요.

🙂 야구공에 침을 묻히면?

투수들은 주변의 먼지와 심리적인 이유 때문에 침을 뱉지만 그 침을 공에 뱉으면 어떻게 될까? 만약 투수가 침으로 범벅된 공을 던지면 더러워서 피할지도 모른다. 그러나 타자가 공을 치려고 마음먹었더라도, 그 공은 타자 바로 앞에서 갑자기 뚝 떨어지는 변화구가 된다. 이 변화구를 스핏볼(spitball)이라고 한다.

침은 공의 표면을 매끈하게 해 주고, 매끈할 경우 저항이 더 커지므로 이 저항의 차이가 변화구를 만드는 것이다. 현재 야구계에서 이러한 스핏볼은 금지되고 있다.

혈액

사람 몸속에는 많은 양의 피가 흐르죠. 피를 다른 말로 혈액이라고 해요. 혈액은 고체 성분인 혈구와 노르스름하게 보이는 액체 성분인 혈장으로 나뉘어져요.

혈구에는 다음과 같은 것들이 있죠.

- 적혈구: 적혈구는 가운데가 움푹 들어간 원반 모양이죠. 안에는 헤모글로빈이라는 색소가 들어 있어 빨간색을 띠죠. 피가 빨갛게 보이는 건 바로 헤모글로빈 때문이죠. 헤모글로빈은 산소가 많은 곳에서는 산소들과 결합하고 산소가 적은 곳에서는 산소를 내놓는 성질이 있죠.
- 백혈구: 백혈구는 핵을 가지고 있고 몸속에 들어온 세균을 잡아 먹죠.
- 혈소판: 혈소판은 불규칙한 모습을 하고 있으며 몸에 상처가 났을 때 피를 굳게 하여 출혈을 막아 주죠.

혈장의 90%는 물이며 무기염류, 비타민, 포도당, 단백질 등의 영양소를 녹여서 몸 전체로 운반해 몸에 생긴 노폐물을 허파나 신장으로 보내죠.

심장

사람의 심장은 주먹 만한 크기로 가운데서 약간 왼쪽으로 치우쳐져 있죠.

또 심장은 네 개의 칸으로 나뉘어져 있습니다. 심장으로 들어오는 피를 받는 부분을 심방이라 하고, 피를 심장 밖으로 내보내는 곳을 심실이라고 하죠. 심방과 심실, 심실과 동맥 사이에는 판막이 있어 피가 한쪽으로만 흐르게 하죠. 심장은 규칙적으로 수축되었다 팽창했다 하면서 피를 내보내거나 받아들이는데 이 규칙적인 운동을 박동이라고 합니다.

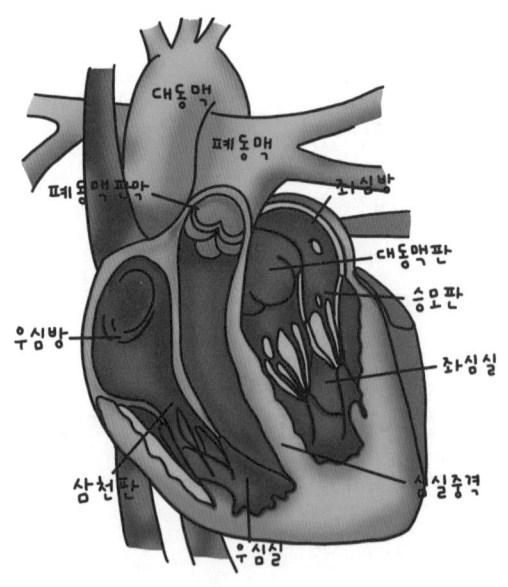

140

과학성적 끌어올리기

피의 순환

이제 피가 어떻게 온몸을 통해 흐르는지를 보죠.

심장과 연결되어 있는 혈관은 동맥과 정맥이죠. 동맥은 심장에서 피가 나가는 혈관이고 정맥은 피가 심장으로 들어오는 혈관이죠.

피의 순환은 다음과 같아요. 온몸을 돌고 들어온 피는 대정맥을 통해 우심방으로 들어오고 우심방이 수축할 때 우심실로 보내어지죠. 우심실이 수축하면서 폐동맥을 통해 허파로 간 피는 허파 속의 모세혈관을 지나면서 이산화탄소를 버리고 산소를 받아들이죠. 그리고는 폐정맥을 통해 좌심방으로 돌아와 좌심실로 보내지고 대동맥을 통해 온몸의 모세혈관으로 흐르죠.

배설

캠프파이어를 생각해 보죠. 장작을 태우면 재가 남죠? 그럼 어떻게 하나요?

당연히 버려야겠죠. 마찬가지예요. 우리가 먹은 음식들은 호흡에 의해 우리가 활동할 수 있는 에너지를 주죠. 이때 쓸모없는 것들이 생기는데 그것을 노폐물이라고 하죠. 이렇게 생긴 노폐물을 몸 밖으로 내보내는 것을 배설이라고 하죠.

그럼 어떤 노폐물들이 생길까요? 탄수화물과 지방은 노폐물로

이산화탄소와 물을 만들죠. 이산화탄소는 허파로 보내져 숨을 내
쉴 때 코를 통해 몸 밖으로 빠져나가죠. 한편 물은 몸에서 계속 사
용되거나 오줌이나 땀으로 되어 몸 밖으로 나가죠.

단백질은 산소와 결합하여 잘게 부숴져 아미노산이 되고 이 때
물, 이산화탄소, 암모니아 같은 노폐물이 생기죠. 독성이 아주 강
한 암모니아는 간에서 독성이 적은 요소로 바뀌게 되죠. 물과 요소
는 피에 의해 콩팥으로 운반되어 오줌을 통해 배설되죠.

콩팥

콩팥은 척추의 양쪽에 위치하고 강낭콩 모양을 한 배설 기관이죠.

콩팥에는 많은 말피기소체가 있는데 말피기소체는 모세혈관이
실타래처럼 뭉쳐 있는 사구체와 이를 받치고 있는 컵 모양의 보먼
주머니로 이루어져 있어요.

콩팥으로 들어온 피는 말피기소체를 지나면서 걸러지죠. 그러니
까 말피기소체는 깨끗한 물을 걸러 내는 정수기와 같죠.

이 과정에서 피 속에 있는 영양소와 물, 요소 등은 세뇨관으로
빠져나오죠. 세뇨관에서 대부분의 물과 영양소는 흡수되고 남아
있는 물과 요소는 오줌이 되죠. 오줌은 수뇨관을 따라 내려가 방광
에 저장되어 있다가 요도를 통해 밖으로 배설되죠.

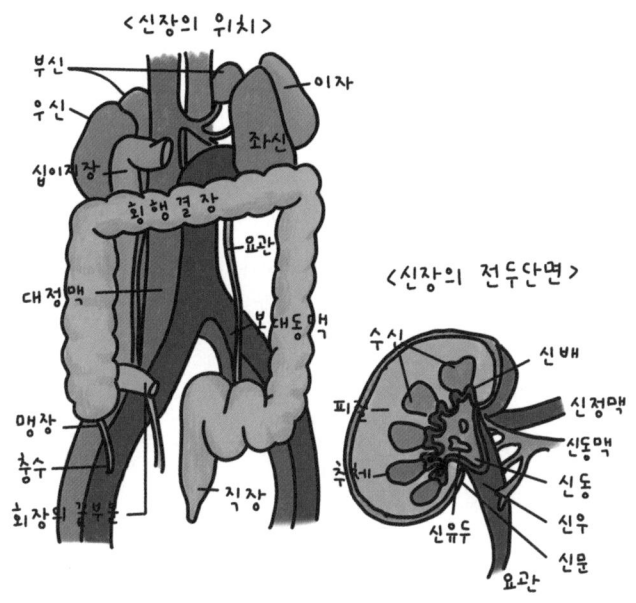

<신장의 위치>

부신
우신
십이지장
좌신
이자
횡행결장
요관
대정맥
복대동맥
맹장
충수
회장의 갈부문
직장

<신장의 전두단면>

수신
피질
수체
신유두
요관
신배
신정맥
신동맥
신동
신우
신문

화나거나 부끄러울 때 왜 얼굴이 빨개질까?

우리 몸에는 수많은 혈관들이 거미줄처럼 몸의 구석구석까지 뻗어 있어요. 이 혈관을 통해 피가 몸속을 돌아다니게 되지요. 기온이 높거나 운동을 했을 때 또는 감정의 변화로 혈관이 넓어지면 이 혈관을 타고 흐르는 피의 양도 자연스럽게 증가하게 되지요. 혈관을 지나는 피의 양이 많아지면 색이 붉어 보이는 것은 당연한 일이죠.

특히 겨울철처럼 바깥과 집 안의 온도 차이가 클 때, 얼굴이 빨같게 되는 것을 경험했을 거예요. 추운 곳에서는 혈관이 좁아지고, 온도가 높은 곳에서는 늘어나게 되니까요.

특히 당황하거나 난처해지면 얼굴이나 목 아래쪽에 있는 혈관이 확장되면서 얼굴 쪽으로 평소보다 많은 피가 흐르게 되지요. 그러면 보통 때보다 얼굴이 더 빨개지게 되고, 많아진 피가 열을 내기 때문에 화끈거리는 느낌도 받게 되는 거예요.

반대로 무서운 영화를 보거나 깜짝 놀랐을 때 얼굴이 하얗게 질리는 경우가 있어요. 그것은 얼굴이 빨개지는 것과 반대로, 혈관이 갑자기 좁아져서 생기는 현상이지요.

아프면 왜 열이 날까?

몸에서 열이 난다는 것은 우리의 몸이 나쁜 병균하고 싸우고 있다는 뜻이에요. 눈에 보이진 않지만 우리 주변에는 갖가지 병균이 떠돌아다니고 있어요. 이러한 병균이 우리 몸속으로 들어오면 몸에 이상이 생기게 되지요.

하지만 우리 몸도 나쁜 병균이 들어왔을 때 그대로 받아들이기만 하는 것은 아니에요. 이때부터 나쁜 병균을 잡아먹는 백혈구가 활약을 하지요. 백혈구는 나쁜 병균들이 더 이상 퍼지지 못하도록 병균을 찾아다니며 잡아먹어요. 그런데 병균은 온도가 높아지면

힘이 약해져요. 이러한 약점을 알고 있는 우리 몸은 몸의 온도를 높여 열을 발생시키죠. 병균을 잡아먹는 백혈구는 온도가 높을수록 활발하게 활동하고요.

몸에 열이 발생하게 되면 병균은 힘이 약해지고 병균을 잡아먹는 백혈구는 힘이 세지는 거예요.

또한 몸이 아프면 열이 날 뿐만 아니라 온몸이 쿡쿡 쑤시기도 하고 피부가 빨갛게 달아오르거나 기침이 나오기도 하죠? 이런 증상들도 우리 몸이 병을 물리치기 위해 병균들과 힘껏 싸우고 있다는 표시예요.

감각에 관한 사전

제3장

여자와 남자가
단맛을 느끼는 게 다르다고요?

여자가 단맛보다 쓴맛에 더 민감한 이유는 왜일까요?

"네에······ 지금부터 해마다 밸런타인데이에 열리는 우리나라 최고의 달달 요리왕을 뽑는 달달 요리 대회를 개최하겠습니다."

사회자의 소개에 뒤이어 커다란 팡파르 소리와 함께 올해도 수많은 사람들이 고대하던 달달 요리 대회가 열렸다. 이 요리 대회는 전국에 있는 유명한 요리사들이 치열한 예선을 거쳐 결승에 올라온 두 팀만이 수많은 관중들 앞에서 주어진 시간 안에 누가 더 달콤하고 맛있는 요리를 만들어 내는가를 겨루는 요리 대회이다. 올해는 막달아 팀과 달콤비 팀이 최종 결승에 올라와 있었다. 막달아 팀은 작년도 우승팀으로 김조청 씨와 최물녀 씨 부부로 이루어져 있었다. 이에 맞서는 달콤비 팀은 새롭게 떠오른 무서운 신인으로 나사탕 양과 나설탕 양 두 자매로 구성되어 있었다. 요리 기구가 설치되어 있는 무대의 앞쪽에는 심사위원석이 배열되어 있었는데 각각 팀별로 배정되어진 심사위원이 달랐다. 심사위원 대표를 맡은 왕주방 씨가 마이크를 잡고 소개를 했다.

"아, 아, 마이크 테스트. 흠…… 이번 대회에는 공정성을 기하기 위해 각 팀별로 심사위원들을 다르게 배정하여 심사하기로 결정을 했습니다. 저를 비롯해서 남자 심사위원들은 달콤비 팀을, 한임만 여사를 비롯해서 여자 심사위원들은 막달아 팀을 심사하도록 결정하였습니다."

간단한 소개들이 끝나고 본격적으로 요리가 시작되었다. 막달아 팀은 커다란 체에 설탕을 부으며 요리에 박차를 가하였고 이에 질세라 달콤비 팀은 냄비에 달콤 쌉싸래한 초콜릿을 녹이며 한쪽에서는 생크림의 거품을 내기 시작했다. 대회장 안은 시간이 지날수록 점점 달콤한 냄새로 가득차기 시작했다. 사람들은 냄새만으로도 군침을 꿀꺽꿀꺽 삼키며 홀린 듯이 두 팀의 요리를 쳐다보았다. 제한 시간에 다가갈수록 두 팀의 요리 속도가 몰라보게 빨라지기 시작했다. 막달아 팀은 꿀을 바른 과자에 다시 한 번 잼을 끼얹고 있었으며 달콤비 팀의 케이크는 켜켜이 생크림을 얹고도 다시 겉을 초콜릿으로 장식했다. 땡! 하는 소리와 함께 마침내 정해진 요리 시간이 끝나고 심사가 시작되었다. 막달아 팀은 보기만 해도 군침이 흐르는 커다란 쿠키와 파이를 반짝이는 설탕 시럽을 발라 만들었고, 달콤비 팀은 초콜릿이 가득 얹힌 케이크를 만들었다. 각 심사위원들은 순식간에 두 팀의 요리를 다 먹어 치우고는 입맛을 쩝쩝 다시며 의논을 하였다. 구경하던 모든 사람들이 숨을 죽이고 있는 가운데 드디어 점수판에 점수가 공개되었다.

"네. 최종 우승은…… 달콤비 팀 99점! 막달아 팀 98점! 아, 이럴 수가! 달콤비 팀이 1점 차로 우승을 하였습니다! 달달 요리 대회의 새로운 우승자가 탄생하는 순간이군요!"

수많은 사람들의 환성 속에 달콤비 팀의 나사탕, 나설탕 자매는 기뻐서 어쩔 줄을 모르며 부둥켜안고는 방방 뛰었다. 그때였다.

"이건 말도 안 돼!"

김조청 씨가 갑자기 소리쳤다.

"맞아요. 5년 동안 우승을 도맡았던 우리 팀이 이렇게 쉽게 질 리가 없어!"

김조청 씨와 최물녀 씨는 심사에 이의를 제기하며 마침내 생물 법정에 이를 고소하기에 이르렀다.

쓴맛을 내는 물질은 어느 정도 독성을 가지고 있습니다.
여자들은 임신 중에 태아를 보호하기 위해 쓴맛에 예민해진다는
설이 제일 지배적입니다. 여자들은 사춘기에 접어들면서
쓴맛을 잘 느끼게 되고 임신 중에 가장 심해지지요.

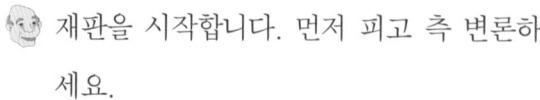

남자와 여자는 정말 단맛을 느끼는 정도가
다른 걸까요?
생물법정에서 알아봅시다.

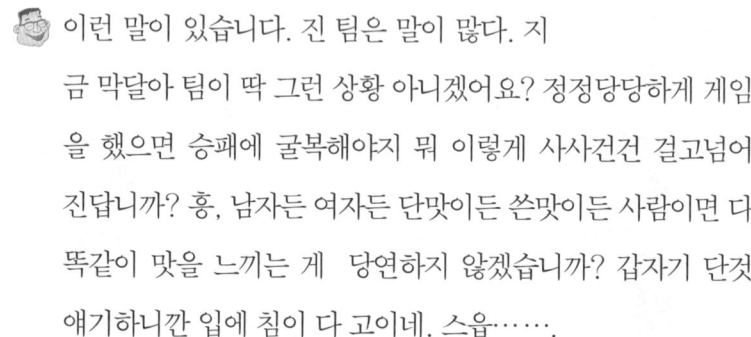

🧑 재판을 시작합니다. 먼저 피고 측 변론하
세요.

😄 이런 말이 있습니다. 진 팀은 말이 많다. 지
금 막달아 팀이 딱 그런 상황 아니겠어요? 정정당당하게 게임
을 했으면 승패에 굴복해야지 뭐 이렇게 사사건건 걸고넘어
진답니까? 흥, 남자든 여자든 단맛이든 쓴맛이든 사람이면 다
똑같이 맛을 느끼는 게 당연하지 않겠습니까? 갑자기 단것
얘기하니깐 입에 침이 다 고이네. 스읍…….

🧑 기대한 내가 잘못이지, 원. 원고 측 변론하세요.

😄 저희 원고 측에서는 달짝지근 연구소의 최시럽 소장을 증인
으로 요청합니다.

곧이어 단내를 확 풍기며 땅딸막한 키의 여자가 걸어 들어
왔다. 최시럽 씨는 작은 키에 살이 뒤룩뒤룩 쪄 마치 커다란
공이 굴러가는 듯한 모습이었다. 그런 몸을 하고도 손에는 각각 커
다란 초콜릿과 막대사탕을 쥐고는 잠시도 쉬지 않은 채 단것을 먹
고 있었다.

🧑 증인, 여자와 남자는 미각에도 차이가 있습니까?

👩 당연한 말씀을, 여자는 남자보다 훨씬 더 미각이 발달되어 있습니다.

🧑 구체적으로 어떻게 다른지 설명을 부탁드립니다.

👩 여자는 남자보다 미각이 발달되어 있어요. 학자들의 보고서에 의하면 남성보다 25% 정도 더 예민한 미각을 가지고 있다고 하니까요. 특히 여자들은 쓴맛에 민감하지요.

🧑 그럼 남자는요?

👩 여자보다 미각은 약하지만 단맛은 여자보다 민감해요.

🧑 여자가 쓴맛에 민감한 이유가 있습니까? 같은 인간인데요.

👩 여자는 애를 낳지 않습니까?

🧑 그것이 맛과 무슨 관계가 있지요?

👩 쓴맛을 내는 물질은 어느 정도 독성을 가지고 있어요. 여자들은 임신 중에 태아를 보호하기 위해 쓴맛에 예민해졌다는 설이 제일 지배적이에요. 여자들은 사춘기에 접어들면서 쓴맛을 잘 느끼게 되고 임신 중에 제일 심해지지요. 그러다가 나이가 들면 쓴맛에 대한 민감함이 둔화된다고 해요.

🧑 그런 차이가 있었군요. 판사님, 판결 부탁해요.

👨 판결합니다. 남자와 여자가 단맛에 대해 느끼는 차이가 있다는 점이 인정이 됩니다. 그러므로 이번 대회에서 여자 심사위원의 경우 남자 심사위원만큼 단맛을 못 느꼈다고 평가되는

바 앞으로 모든 단맛 경연 대회의 심사위원은 남자와 여자가 한 조가 되어 그 점수의 평균을 내어 채점하는 방식이 가장 정당하다고 봅니다.

 모성의 위대함

여성과 남성의 미각은 서로 다를까? 정답은 '그렇다'이다. 여성은 남성에 비해 미각이 발달해 있고 특히 쓴맛에 더 민감하다. 여성은 쓴맛에 민감하고, 남성은 단맛에 예민한 편이다.

특이한 점은 9세 이하의 아이들 미각에 있어서는 성별 차이가 발견되지 않는다는 사실이다. 그러다가 사춘기에 접어들기 시작하면 여성들은 쓴맛을 더 잘 느끼게 되고 특히 임신 중에는 민감도가 높아진다.

그렇다면 왜 여자들이 쓴맛에 더 민감할까? 이는 태아와 아이를 지키려는 모성 본능과 관련되어 있다는 것이 일반적인 사실이다. 쓴맛이나 떫은 맛은 독성과 관련됐을 가능성이 상당히 크기 때문이다.

정수리 위의 휴대전화기

우리 몸의 정수리는 왜 진동을 못 느낄까요?

반장난 씨와 왕둔감 씨는 대학교에 입학하면서부터 알게 된 룸메이트 사이였다. 반장난 씨는 훤칠한 키에 서글서글한 외모로 주변 사람들에게 인기가 많았다. 그러나 장난기가 워낙에 많아 좀 심하다 싶은 장난을 쳐서 다른 사람을 본의 아니게 화나게 하는 일이 종종 있었다. 반면에 왕둔감 씨는 순하게 생긴 외모처럼 성격도 유순해 늘 웃는 얼굴이었으며 무던한 성격이라 웬만한 일에는 크게 놀라는 일이 없었다. 그래서인지 좀 느리고 둔한 성격이었다. 반장난 씨가 좀 심하다 싶은 장난을 쳐도 왕둔감 씨는 거의 알아채지 못하거나 알게 되더라도 화를 내는 법이 없었고, 왕둔감 씨가 일을 느리게 할 때면 반장난 씨가 빨리 처리할 수 있도록 눈치껏 도와주곤 하였던 것이다. 이렇게 두 사람은 전혀 반대되는 성격임에도 서로 죽이 잘 맞아 함께 지낸 지 어느덧 4년째였다.

"후아암…… 상쾌한 아침!"

반장난 씨는 얼마 전 대학을 졸업하면서 다팔아 쇼핑몰에 취직하게 되어서 오늘도 아침 일찍 출근 준비를 하려고 일어났다. 왕둔감 씨는 아직 취직을 하지 못해 반장난 씨를 상당히 부러워하고 있었다. 자신도 잘나가 전자회사에 취직을 하려고 준비 중이었으나 아직 최종 면접을 통과하지 못해 그는 실업자 신세였다. 침대를 나선 장난 씨가 둔감 씨를 찾아 이 방 저 방을 두리번거렸다. 그는 곧 어제 밤새도록 책상 앞에 앉아 있다가 그만 그대로 엎드려 잠이 든 왕둔감 씨를 발견할 수 있었다. 장난 씨는 둔감 씨가 오늘 잘나가 전자회사에 최종 면접이 있다는 말을 들었던 기억이 났다. 반장난 씨는 친구를 깨우지 않으려고 조심스레 준비를 마치고 현관 앞에 섰다. 왕둔감 씨는 그때까지도 책상 앞에 쓰러져 있는 채로 한 손에 알람을 맞춘 핸드폰을 꼭 쥐고 장렬하게 쓰러져 잠들어 있었다. 그가 그런 친구의 모습에 소리 죽여 키득거렸다.

"짜식, 많이 피곤했나 보군!"

그리고는 그의 휴대 전화를 손에서 살그머니 빼서는 알람을 확인해 보았다. 아직 5시간의 여유가 있었다. 그는 슬그머니 장난기가 발동하기 시작했다. 그리곤 휴대전화의 알람을 진동으로 지정한 뒤 졸고 있는 친구의 머리 정수리에 올려놓았다.

"요번에는 좀 놀랄 거다…… 흐흐."

흐뭇한 마음으로 반장난 씨는 발걸음도 가볍게 출근을 하였다. 하지만 5시간이 지나고 휴대전화 진동이 아무리 울려도 왕둔감 씨는 깨어나지 못했다. 한참이 지나고 나서야 잠에서 깬 왕둔감 씨가 휴대폰을 들여다보았을 때는 이미 면접시험이 다 끝난 후였다. 왕둔감 씨는 반장난 씨에게 전화를 걸었다.

"장난아, 혹시 내 휴대전화 알람을 니가 껐니?"

"어? 그게 무슨 말이야? 너 일어나지 못했어? 내가 알람을 진동으로 바꾸어 놓기는 했는데……."

"뭐어? 너 이게 나한테 얼마나 중요한 일인데 나한테 장난을 쳐?"

"아…… 아니 둔감아, 난 그게 아니라……."

"시끄러워! 네 목소리 듣고 싶지도 않아! 이번 면접에 떨어지면 난 고향으로 내려가야 한다고! 근데 네 덕분에 면접시험은 보지도 못하게 됐으니, 이젠 어쩔 거야! 엉?"

둔감 씨는 장난 씨를 고소했다. 그리고는 반장난 씨가 아무리 사과를 하고 설명을 하려 해도 듣지 않았다. 알람을 끄지도 않았는데 둔감 씨가 진동을 느끼지 못했다는 사실을 본인이 받아들이려 하지 않자 이에 억울함을 느낀 장난 씨는 생물법정에 의뢰를 하였다.

사람이 진동을 느끼는 것은 신경을 통해서이며, 이 말은 곧 신경이 가장 적은 곳은 진동을 느끼지 못한다는 뜻이 됩니다. 그렇다면 사람의 몸에서 신경이 가장 적은 곳은 어디일까요? 바로 정수리입니다.

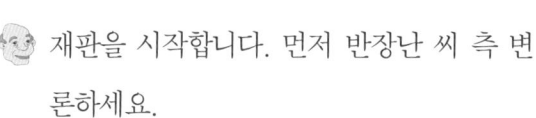
왕둔감 씨는 어째서 잠에서 깨어날 수
없었던 걸까요?
생물법정에서 알아봅시다.

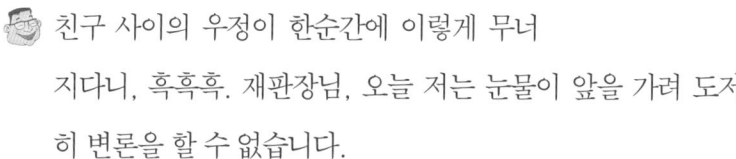

🙂 재판을 시작합니다. 먼저 반장난 씨 측 변

론하세요.

😀 친구 사이의 우정이 한순간에 이렇게 무너

지다니, 흑흑흑. 재판장님, 오늘 저는 눈물이 앞을 가려 도저

히 변론을 할 수 없습니다.

🙂 그럼 그만 하고 집에 가든지요.

😀 아니, 저기…… 그렇다고 집에 갈 순 없죠. 어흠, 흠. 아무튼

변론을 시작하겠습니다.

🙂 진작에 그럴 것이지, 흥.

😀 반장난 씨는 애초에 일부러 악의를 품고 피고의 일을 망치기

위해 그런 것도 아니지 않습니까? 게다가, 알람을 아예 꺼 버

린 것도 아니고 단지 진동으로 바꾸어서 머리 위에 놓아 둔

것뿐이지 않습니까?

🙂 끝났습니까?

😀 아니요. 아직 더 남았습니다. 이건 자신이 둔해서 진동을 눈

치 채지 못한 왕둔감 씨에게 더 큰 책임이 있다고 강력하게

주장하는 바입니다! 이제 끝났습니다.

왕둔감 씨 측 변론하세요.

진동과 진폭 연구소의 지진동 씨를 증인으로 요청합니다.

말이 끝나기 무섭게 휴대전화 벨소리에 맞춰 온몸을 후들 후들 떠는 진동춤을 추며 젊은 청년이 들어섰다.

요즘 새로 연구하는 진동춤이라서요.

상당히 정신이 없군요. 질문에 답해 주실 수는 있겠죠?

당연하죠. 후후 진동에 관한 것이라면 무엇이든 물어보세요.

사람이 어떻게 진동을 느끼나요?

신경을 통해서 느끼지요.

그렇다면 사람의 몸 중에 진동을 가장 잘 느끼지 못하는 곳은

어디라고 볼 수 있을까요?

근육이 가장 적은 곳이겠죠?

그곳이 어디죠?

정수리 부분입니다. 그 부분이 가장 근육이 적은 곳입니다.

그럼 그 부분이 진동을 제일 못 느끼는 곳이군요.

그렇습니다.

그럼 게임은 끝났군요. 판사님.

판결합니다. 물론 친구 사이에 장난을 칠 수는 있으나 상대방

에게 피해가 가지 않는 범위에서여야 할 것입니다. 이번처럼

중요한 면접이 있는 친구의 휴대전화를 진동이 안 느껴지는 정수리에 놓아서 친구가 면접을 갈 수 없게 하는 장난은 매우 위험한 장난이라고 생각되는 바 반장난 씨는 왕둔감 씨에게 사과를 하고 그의 취직을 위해 최선을 다해 주며 다시 우정을 만들어 나갈 것을 판결합니다.

공포 영화 볼 때 더웠어요

공포 영화를 보면 왜 소름이 돋는걸까요?

최근에 과학공화국에서는 호러 영화 붐이 일어났다. 이상하게도 여름에나 인기가 있었던 호러 영화가 올해에는 겨울에 또 인기를 끌고 있는 것이다. 그중에서도 가장 사람들이 무서워하는 영화는 바로 이무섭 감독의 〈넘무서 시리즈〉였다. 〈넘무서 시리즈〉는 올여름에 〈넘무서 회사편〉과 가을의 〈넘무서 시골편〉이 끝나고 겨울이 되어 세 번째 시리즈인 〈넘무서 도시편〉이 개봉을 앞두고 있었다. 이무섭 감독은 호러 킹 영화대상에서 감독상과 작품상을 거머쥐었으며 주연 배우인 안귀선 양은 여우주연상을 수상, 이 시리즈로 인해 무명 배우에서 단숨에 톱스타 반열에 올랐다. 심지어 밀려드는 CF 섭외에 몸이 두 개라도 모자랄 지경이었다. 세 번째 시리즈인 〈도시편〉은 아직 개봉 전이었음에도 불구하고 천만 관객을 돌파할 것이라며 벌써부터 기대가 가득하였다.

공포 영화라 하면 둘째가라면 서러울 마니아인 박미신 양 역시 이 영화에 매료되어 달력에 〈넘무서 도시편〉의 개봉 일에 빨간 매직으로 두껍게 동그라미를 그려 놓고는 매일매일 손꼽아 기다렸다. 이미 첫 번째와 두 번째 시리즈를 본 후 〈넘무서 시리즈〉의 광팬이 되어 버린 그녀는 하루하루가 너무 더디게 느껴졌다. 마침내 영화가 개봉되자 영하를 밑도는 추운 날씨에도 불구하고 극장에는 발 디딜 틈 없이 사람들이 꽉꽉 들어찼다. 다행히 극장 안에는 난방이 좋아 따뜻했다. 개봉 첫날이니만큼 감독과 주연 배우들이 직접 무대 인사를 했다. 기자들의 간단한 몇 가지 질문이 끝나고 나서 감독과 배우들 역시 영화를 관람하기 위해 관람석에 앉았다. 불이 꺼지고 영화가 시작되자 사람들은 영화에 집중하기 시작했다. 그런데 영화가 시작되고 무서운 장면이 몇 번 나오면서 관람객들이 외투를 하나 둘씩 벗기 시작했다. 영화가 중반쯤 이어지자 손부채질을 하는 사람들도 보이기 시작했다.

"이상하네. 영화관 안이 왜 이렇게 덥지?"

"그러게. 밖이 춥다고 난방을 너무 세게 튼 것 같아."

사람들은 영화에 집중하지 못하고 소곤거리기 시작했다. 이무섭 감독은 애가 타기 시작했다. 영화관 안이 너무 더워 사람들이 영화에 집중을 하지 못해서였다. 몇몇 사람들은 무서운 장면이 나오자 손수건이나 휴지를 꺼내 땀을 닦기도 하였다. 안귀선 양은 속이 상해서 훌쩍이며 나가 버렸다. 엎친 데 덮친 격으로 영화가 거의 끝날 때쯤에는 거의 모든 사람들이 영화에 집중하기는커녕 일어서서 바깥으로 나가 버리곤 했다.

"이거 원. 도대체 더워서 영화를 볼 수가 있나!"

사람들이 투덜거리자 이무섭 감독은 화가 나서 관리인을 찾아가 따지기 시작했다.

"영화관 난방을 왜 이렇게 심하게 하는 겁니까? 사람들이 더워서 영화를 보다 말고 다 나가 버리잖아요!"

그러자 어리둥절한 표정으로 관리인이 대답했다.

"그럴 리가요. 관리실에서는 난방 조절은 한 적이 없는뎁쇼."

"지금 무슨 말을 하는 겁니까? 지금 사람들이 나가고 있는 거 안 보이세요?"

"아니, 어찌 됐건 간에 우린 난방을 올린 적이 없다니까요!"

관리인이 분명 거짓말을 하고 있다고 생각한 이무섭 감독은 생물법정에 이 사건을 고소했다.

공포 영화를 보면 소름이 돋으면서 체온이 올라갑니다.
그런데 왜 공포 영화를 보면 서늘한 기분이 드는 것일까요?
그것은 땀이 증발하면서 몸의 열을 빼앗아 가기 때문에 피부 온도가
내려가고 털이 바짝 서면서 소름이 돋기 때문입니다.

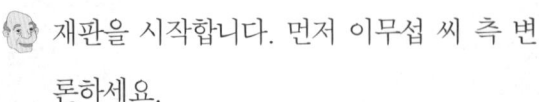

오싹오싹한 공포 영화가 오히려 땀이 나게
한다고요?
생물법정에서 알아봅시다.

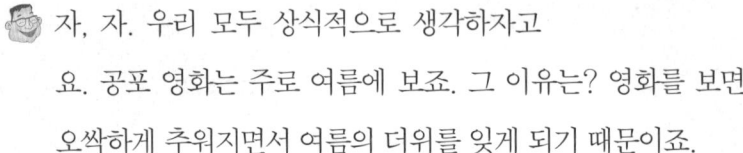

재판을 시작합니다. 먼저 이무섭 씨 측 변
론하세요.

자, 자. 우리 모두 상식적으로 생각하자고
요. 공포 영화는 주로 여름에 보죠. 그 이유는? 영화를 보면
오싹하게 추워지면서 여름의 더위를 잊게 되기 때문이죠.

그래서 어쩌란 말이죠?

오싹……하게 추워지는 것이 공포 영화의 묘미라는 것을 얘
기하려는 거죠. 그런데 이런 기본적인 것도 모르고 난방을 틀
어서 사람들이 땀이 나 영화에 집중을 할 수가 없으니 영화를
보고 오싹한 기분이 들었겠어요?

그걸 왜 나한테 물어요? 다음, 피고 측 변론하세요.

저희는 《교감 신경과 인체 반응》의 저자 박교감 박사님을 증
인으로 요청합니다.

60대의 정정한 노인이 두꺼운 책을 옆에 끼고는 뱅글뱅글
돌아가는 안경을 쓴 채 증인석으로 성큼성큼 걸어왔다.

증인, 공포 영화를 볼 때 우리 몸에는 어떤 변화가 나타나지요?

무서운 것을 보면 사람은 교감 신경이 흥분하게 됩니다.

교감 신경이 뭐죠? 교장 신경도 있나요?

무식하시군요. 교장 신경은 없습니다.

죄송합니다.

자율 신경은 60조에 이르는 몸의 대부분의 세포의 활동을 조절하기 위해, 전신에 분포하고 있는 신경입니다. 자율 신경은 인간의 의지로는 컨트롤되지 않고, 무의식적으로 활동해 주는 신경이지요.

즉 대뇌의 직접적인 조절을 받지 않으면서도 심장이 고동을 치고, 몇 시간 전에 먹은 식사의 소화나 흡수를 계속하고 있는 것도 자율 신경의 활동에 의한 것입니다.

자율 신경이 어떤 역할을 하지요?

소화, 흡수, 배설, 생식, 체온 조절과 같은 일상적인 행위를 하기 위한 기능을 잠시도 쉬지 않고 조절하지요.

교감 신경 얘기하는데 왜 갑자기 자율 신경이 튀어 나온 거죠?

자율 신경은 두 종류입니다. 활동할 때와 쉴 때, 흥분할 때와 안정할 때 활동하는 자율 신경의 종류가 다르지요. 행위와 운동을 담당하는 신경으로서 혈관을 수축시키고 혈압이나 심박을 상승시키며 식욕을 억제하는 것이 교감 신경이고, 휴식과 식사를 담당하는 신경으로서 혈관을 확장시켜 혈압이

나 심장의 박동을 저하시키고, 위장의 활동을 활발하게 하는 것이 부교감 신경이지요. 이 두 가지의 자율 신경이 역할 분담을 합니다.

 공포를 느끼면 정말 체온이 올라갑니까?

 자율 신경

네, 공포를 느끼면 교감 신경이 흥분하여 맥박이 빨라지고 호흡이 가빠지면서 근육이 긴장되는 등 대사 활동이 빨라집니다. 이런 효과들이 체온을 올리는 역할을 하지요.

공포를 느끼면 추워진다는 게 사실이 아닌가요?

그것은 피부에 땀이 많아지고 땀이 증발하면서 몸의 열을 빼앗아 가기 때문에 피부의 온도가 내려가고 털이 바짝 서면서 소름이 오싹하는 느낌이 드는 것입니다.

아하…… 그런 원리였군요. 판사님! 판결 부탁드립니다.

알겠어요. 공포를 느끼면 소름이 오싹 돋기는 하지만 체온은 올라간다는 새로운 사실을 알게 되었습니다. 하지만 올라간 체온은 금방 땀의 증발로 떨어지면서 서늘함으로 느껴질 테

니까 이무섭 감독의 주장처럼 극장 안이 너무 더워서 손님들이 나갔다고 보기에는 무리가 있습니다. 물론 그 점은 일부 인정하지만 만일 영화가 재밌었다면 어떤 상황 속에서도 관객들은 자리를 지켰을 거라는 게 저의 생각입니다. 아마 도저히 더 앉아 보기 힘들 정도로 재미가 없어서일 가능성이 더 크다고 봅니다. 그러니 감독님들 제발 영화 좀 스토리 있는 좋은 작품으로 만드세요.

한쪽 귀로만 듣는 음악회

왼쪽 귀와 오른쪽 귀 중 음악 소리는 어느 쪽으로 들릴까요?

사건속으로

과학공화국이 자랑하는 예술의 도시 아트시티에서
는 해마다 독특한 소재의 음악회가 열리곤 하였다.
재작년에는 발로만 연주하는 '괴발개발 음악회'가
열렸었고 작년에는 물구나무서서 악기를 연주하는 '거꾸로 보는 음
악회' 였다. 올해의 콘셉트를 가지고 아트시티의 공연 기획자들이
모두 모여서 회의를 하였다. 그러나 이들의 의견이 분분하여 좀처럼
결론이 나지 않았다. 그러던 중 박토벤 씨가 무심코 한마디 뱉었다.

"우리가 아무리 고민해 봤자 관객들이 한 귀로 듣고 흘리면 그만
인걸 뭐……."

그러자 옆에 있던 김지휘 씨가 무릎을 탁 쳤다.

"그거 괜찮은 아이디어인데?"

"뭐라고?"

"요즘 젊은 사람들 말이야. 음악을 그저 시간을 때우는 도구로만 생각하잖아? 그런 사람들의 생각을 바꾸기 위해서 음악을 그저 한 귀로 듣고 흘리지만 말라고 메시지를 주는 거지, 어때?"

다른 사람들이 고개를 끄덕였다.

"그럼 어떻게 그 메시지를 담지?"

"한 귀로 흘리지 말라고 마개로 틀어막아 버리지 뭐."

그렇게 해서 만들어진 올해의 콘셉트가 바로 '한 귀로 듣고 느끼는 음악회'였다. 이 음악회는 음악을 들을 때 청중들의 정면이 아닌 옆쪽에서 음악을 연주하며 연주가 시작되기 전에 귀마개를 나누어 주고는 왼쪽 귀를 막고 오른쪽 귀로만 음악을 감상하게 하였다. 기대 반 우려 반으로 음악회 팸플릿과 포스터가 배포되자 다행히 사람들은 점차 흥미를 가지기 시작했다.

"정말 한쪽 귀로만 음악을 감상한다고?"

"이야…… 이거 정말 기발하다. 그치?"

단 1회뿐인 연주회는 예매 5분 만에 전 좌석이 완전히 매진되었고 그러고 나서도 남는 표가 없냐는 문의 전화가 빗발쳤다. 공연 관계자들도 간만에 클래식 음악에 사람들이 관심을 가져주자 설레며 연주회를 위해 연습에 만전을 기했다. 연주회 날이 되자 전국의 유명 음악가는 물론이고 이웃 나라의 음악 관계자들도 초청하여 연주회장은 빈자리 하나 없이 가득 들어차 있었다. 현악 4중주를 시작으로 연주가 시작되고 사람들은 일제히 왼쪽 귀를 주최 측에서 제공한 귀마개로 꼭꼭 틀어막았다. 그런데 이상한 일이 벌어졌다. 연주자들의 신들린 듯 연주가 끝나고 나서도 아무도 박수를 치지 않는 것이었다. 나중에 공연이 모두 끝나고 나서도 박수소리는커녕 당황한 사람들의 웅성거리는 소리만 들렸다. 분명 공연장 기술자가 음향 시설을 다 조사해 보았지만 아무 이상이 없었다. 관객 중 한 청년이 일어서며 말했다.

"박수를 치고 싶어도 음악 소리가 잘 안 들려서 감상을 제대로 하지를 못해 칠 수가 없다고요."

"맞아요, 한쪽 귀만 막았는데도 음악 소리가 거의 안 들렸어요."

"이게 어찌된 영문이죠? 음악 감상하러 왔다가 이런 황당한 경우는 또 처음이네."

여기저기서 관객들의 불만이 터져 나오기 시작하고 급기야 공연장은 관객들의 항의로 아수라장이 되었다. 결국 관객들은 단체로 공연 관계자들에게 소송을 하는 지경에 이르렀다.

오른쪽 뇌는 음악, 미술 등 예술적인 것을 담당하고
왼쪽 뇌는 언어, 수학 등 실용적인 것을 담당합니다.
만약 한쪽 귀로만 듣는 음악회를 가게 된다면, 왼쪽 귀로 들으세요.
그래야 음악을 제대로 감상할 수 있습니다.

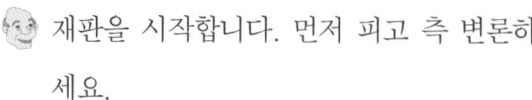
사람의 두 귀는 듣는 것이 각각 다를까요?
생물법정에서 알아봅시다.

🙂 재판을 시작합니다. 먼저 피고 측 변론하세요.

😊 귀가 두 개 있는 것은 한쪽이 잘 안 들리면 다른 쪽으로 들으라는 의도일 겁니다. 그런데 한쪽 귀로 듣는다고 음악이 뭐 달라집니까? 그건 아니라고 봅니다.

🙂 가만…… 생치 변호사! 지금 그 말 근거가 있는 말입니까?

😎 무슨 말이요?

🙂 귀가 두 개인 이유 말입니다.

😎 글쎄요, 잘 기억이 안 나는데요.

🙂 또 헛소리였구먼. 아무튼 원고 측 변론하세요.

🙂 저는 귀에 대한 오랜 연구를 해 오신 이쌍귀 박사를 증인으로 요청합니다.

두 귀가 당나귀 귀처럼 축 늘어진 40대의 남자가 증인석으로 들어왔다.

🙂 증인은 모든 소리가 잘 들리겠어요.

무슨 말이죠?

귀가 그렇게 크니 말이에요.

제 귀가 좀 길긴 하지요.

비오 변호사! 재판과 관련된 질문만 하세요.

죄송합니다. 그럼 본론으로 들어가서 사람이 귀로 소리를 듣는 과정에 대해 설명 부탁드립니다.

소리란 공기의 진동이 옆으로 퍼져 전달되는 파동입니다. 그 파동이 귓속에 있는 고막을 진동시키면 고막에 붙어 있는 청신경을 통해 뇌로 신호가 전달되어 우리는 소리를 듣게 되는 거지요.

그럼 왼쪽 귀의 고막이 진동하나 오른쪽 귀의 고막이 진동하나 같은 소리가 뇌로 전달되잖아요?

그렇지 않습니다.

뭐가 다른가요?

그렇습니다. 사람의 두 귀는 듣는 감각이 다릅니다. 오른쪽 귀는 숫자나 말을 잘 알아 듣고 왼쪽 귀는 음악을 잘 듣는다고 합니다.

왜 그런 거죠?

오른쪽 귀로 들어간 소리는 왼쪽 뇌로

우뇌와 좌뇌

우리의 뇌는 우뇌와 좌뇌로 나눌 수 있다. 이때 우뇌는 그림이나 음악 감상, 스포츠 활동 등 직관적으로 상황을 파악하는 감각 분야를 담당한다. 그래서 우뇌가 발달하면 예체능이나 추상적 사고, 공간 인식 능력, 창조력 등 감성적이고 창의력이 뛰어나다. 이에 비해 분석적이고 논리적인 원리는 좌뇌가 담당한다. 때문에 좌뇌에는 언어 중추가 자리 잡고 있으며, 논리적인 기능을 주로 담당한다. 이러한 이유로 좌뇌가 발달하면 숫자나 문자의 이해, 언어 구사 능력, 조리에 맞는 사고 등의 능력이 뛰어나다.

전달되고 왼쪽 귀로 들어간 소리는 오른쪽 뇌로 전달됩니다.

오른쪽 뇌와 왼쪽 뇌의 차이가 있나요?

그렇습니다. 오른쪽 뇌는 음악, 미술 등 예술적인 것을 담당하고 왼쪽 뇌는 언어, 수학 등 실용적인 것을 담당하니까요.

이제 이해가 갑니다. 그럼 한쪽 귀로만 음악을 들을 때는 음악을 잘 느낄 수 있도록 왼쪽 귀로 들어야겠군요.

정답입니다.

판사님, 뭔가 음악회의 잘못된 점을 발견하셨죠?

당근이죠. 음악한다는 사람들이 왼쪽 귀와 오른쪽 귀의 차이점을 모르고 이런 무식한 발상을 하다니. 앞으로 한쪽 귀 음악회와 같은 콘셉트를 잡을 때는 반드시 오른쪽 귀를 가리게 하세요.

개그 간호사가 우울증을 치료한대요

웃음은 만병통치약, 웃음과 건강에는 어떤 상관관계가 있을까요?

사건속으로

김정신 군과 김정기 군은 쌍둥이 형제로 태어났다. 두 사람은 태어나기 전부터 한 배 속에 있어서인지 서로 잘 맞는 점이 너무 많았다. 김정신 군이 김정기 군보다 1분 더 일찍 태어나서 형이 되었다. 이 쌍둥이 형제의 집에는 자손이 아주 귀했다. 사실 정신, 정기 형제도 쉽게 얻어진 것은 아니었다.

"이 손 귀한 집에 시집와서 수년째 자손 하나 없으니, 내가 시부모님 뵐 낯이 없어."

"우리 집이 원래 자손이 좀 귀해, 나만 해도 4대 독자인걸 봐."

"그니깐 나에게 감사해. 이렇게 손 귀한 집에 와서 맘 고생할 사람이 어디 있겠니?"

"피차일반 아니겠어? 나같이 잘나고 멋있는 신랑 만나기 힘든 거 알쥐?"

결혼한 지 3년을 넘어서기 전까진 정기와 정신의 부모님들도 마음적으로 여유는 있었다. 하지만 해를 더해 갈수록 부모님도 지쳐 가고 있었다.

"이러다가 평생 애기를 가질 수나 있을는지 모르겠어. 스트레스가 이만저만이 아냐."

"안 되겠어. 내일부터는 기도라도 들어가야겠어. 손이 귀한 집에 대를 끊을 수는 없잖아."

"당신, 힘들지 않겠어? 기도하는 게 은근히 사람 기운 빼는데."

"기도해서라도 아기가 생긴다면 하루 종일이라도 못하겠어? 열심히 공을 들여 봐야겠어. 노력하고 정성을 기울이는데 하늘도 무심하시진 않을 거야."

"그래, 그럼 나도 같이 하자. 아침에 회사 가기 전에 나도 꼭 기도하고 갈게."

이렇게 하여 부부의 기도는 시작되었다. 부부는 눈이 오나 비가 오나 하루도 거르지 않고 기도에 나섰다. 하지만 기도를 한 지도 벌써 일 년이 훌쩍 넘어 가고 있었다.

"우리에겐, 자식이 없나 봐. 매일 간절한 맘으로 그렇게 기도를

과학공화국
생물법정 4

드렸는데. 벌써 일 년이나 지났잖아."

"아냐, 하늘이 무심하시지 않다면 꼭 어여쁜 자식을 주실 거야. 여보, 우리 조금만 힘내자."

도무지 아이가 생길 기미가 보이지 않자 두 사람은 지쳐 가고 있었다. 그러던 어느 날 두 사람은 우연히 한 병원을 들르게 되었다. 그 병원은 특이하게도 웃음을 강조하는 병원이었다. 병원에서는 무조건 억지로라도 웃는다면 스트레스를 줄일 수 있다고 했다.

"여보, 우리 스트레스 짱 심했던 것 같지 않아?"

"맞아, 우리가 너무 애기 문제에 민감해서 웃음을 잃었던 것 같아."

"우리 조금만 맘을 여유롭게 가져 보자."

"그래, 이 병원에서 스트레스 줄이는 치료 받고 다시 아기 문제 신경 써 보자."

이렇게 해서 두 사람은 웃음 병원에서 과도한 스트레스 줄이기 치료를 받게 되었다. 그렇게 치료와 기도를 병행한 지 한 달쯤 지나서 드디어 두 사람에게 좋은 소식이 찾아왔다. 며칠 전부터 음식도 잘 먹지 못하고 구역질을 한다 싶어 두 사람은 산부인과를 찾았다. 혹시나 하는 기대로 찾은 산부인과에서는 임신이라는 기쁜 소식을 전해 주었다.

"축하합니다, 임신입니다."

"네? 임신이요?"

"네, 분명 임신입니다. 그리고……."

"그리고요?"

"아무래도 쌍둥이 같습니다."

아이를 가졌다는 사실만으로도 기뻤는데, 게다가 쌍둥이라는 소식에 두 사람은 하늘을 날 듯 기뻤다.

"여보, 하늘이 우리를 가엽게 여기셨나 봐. 어쩜 좋아!"

감격에 겨워 울고 있는 부인을 남편이 감싸 안아 주고 있었다.

"그래, 여보. 우리 애들 진짜 잘 키우자. 웃음의 힘이 강한가 봐. 웃음의 힘이 위대한가 봐. 감사합니다. 하느님."

두 사람은 아이를 가진 것이 기도 덕분이라고도 생각했지만 웃음 치유 덕에 스트레스가 줄어 든 덕분이라고도 생각했다. 임신 중에도 내내 두 사람은 웃음 치료를 받았고, 그런 부모님의 노력을 알아서인지 쌍둥이 형제도 아주 건강하게 태어났다.

"고마워, 애들아. 엄마는 너희가 있어서 너무 행복하다. 건강하게 태어나 준 것만으로도 고맙구나!"

4대 독자 집안의 귀한 자손이다 보니 두 사람의 탄생은 그야말로 축복이었다. 그렇게 하여 쌍둥이는 온 가족의 사랑을 담뿍 받으며 자랐다. 쌍둥이네 부모님은 웃음 치료를 받고서 쌍둥이를 가져서인지, 항상 얼굴에서 웃음이 떠나지 않게 하라고 쌍둥이에게 강조했다.

"정신, 정기야. 웃으면 복이 온다는 말이 있지? 옛말 하나 틀린 것 없어. 항상, 어떤 상황에서건 웃음을 잃지 않으면 좋은 일이 따르는 것 같아."

"그래, 엄마 말씀 흘려듣지 말고 명심해. 너희들도 많이 웃어서 귀하게 얻은 거야. 웃으면 스트레스도 줄고, 몸도 좋아진단다."

쌍둥이 형제는 어린 시절부터 웃음에 관한 부모님의 이야기를 밥 먹듯 들어왔다. 항상 웃음에 관한 이야기를 듣다 보니 두 사람의 얼굴은 언제 어디서건 웃는 얼굴을 띠고 있었다. 두 사람이 의식하고 그러는 것은 아니었음에도 두 사람은 웃는 것이 습관이 되어가고 있는 듯 보였다.

"형도 이제 좀 그만 웃으란 말 들어?"

"너도 그러냐? 엄마 아빠가 우리를 야무지게 교육하셨는지 나도 모르게 웃고 있나 봐."

"나도 그런가 봐. 어제는 글쎄 수학 책을 안 가져가서 야단을 듣고 있는데, 너무 죄송하니까 또 웃음이 나는 거야. 그랬더니 수학 샘이 나보고 비웃는 거냐고 막 야단하시잖아."

"진짜? 너 그 울트라 캡숑 한 성질 하신다는 수학 샘 앞에서 웃음이 났어? 그래서 어떻게 됐는데?"

두 사람의 학교에서도 짱 무섭기로 소문난 수학 샘의 이야기에 귀가 쫑긋한 정신이 궁금해하고 있었다.

"애들이 도와줬어. 나는 웃음이 습관이라서 그런 거라고."

"진짜 큰일 날 뻔했다. 우리 이 웃음 바이러스 어쩌니."

웃음 때문에 두 사람이 겪는 에피소드는 여기에서 그치질 않았다. 하지만 쌍둥이 형제는 많이 웃어서인지 크게 스트레스를 받는 일이 없었다. 다른 학생들은 시험 기간이면 스트레스 때문에 신경질 지수가 높아서 싸움까지 나는 일도 있었다. 하지만 두 사람은 시험 기간이라고 별로 달라지는 일이 없었다. 그럼에도 불구하고 두 사람의 성적은 항상 상위권이었다. 그렇게 두 사람은 큰 스트레스 없이 고3이 되었다. 집안에서는 그래도 고3이 되면 신경이 많이 날카로워지진 않을까 하는 우려가 있었다. 하지만 두 사람의 모습에서 스트레스란 살펴볼 수가 없었다. 오히려 빡빡한 고3의 일정을 즐기고 있는 것처럼 보였다. 쌍둥이는 스트레스를 받는 상황일수록 더 웃고 있었다. 이렇게 해서 두 사람은 대입 시험을 치르고 성적도 월등하게 잘 나왔다.

"우아…… 우리 아들들 장하다. 이렇게나 성적이 잘 나오리라곤 생각을 못했어, 엄마는. 고마워, 아들들. 열심히 긍정적인 마음으로 한 것에 대한 보상인가보다."

이제 대학에 갈 나이가 된 아들들을 바라보며 엄마는 새삼스레 눈물을 훔치고 있었다.

"이게 다 엄마 아빠 덕분이에요. 엄마 아빠가 심어주신 웃음이 우리가 좀 더 즐겁게 공부할 수 있게 하는 데 많은 도움이 된 것 같아요."

"그래요. 웃음은 엄마 아빠가 주신 보물이에요."

두 사람은 오히려 보모님께 더 감사하고 있었다. 어디로 진학할까 고민하던 두 사람은 어린 시절부터 자신들을 강하게 만들어 준 웃음에 관한 연구를 하고 싶어졌다.

"형, 형은 어느 과로 가고 싶어?"

"난, 웃음에 대한 연구를 좀 해 보고 싶어. 우리가 이렇게 강해질 수 있었던 힘이잖아, 웃음은."

"형도 그래? 나도 그랬는데. 웃음의 힘은 엄청난 것 같아. 그럼 형도 의대 갈 거야?"

"누가 쌍둥이 아니랄까 봐. 우리, 대학도 같이 가야겠다."

이렇게 해서 두 사람은 의대에 진학하게 되었다. 힘든 의대 일정 속에서도 두 사람은 여전히 웃음을 잃지 않고 있었다. 항상 웃음이 떠나지 않는 두 형제를 사람들은 호호형제라고 부르기까지 했다. 두 사람의 전공은 정신과였다. 의대 중에서도 가장 힘들다는 정신과를 우수한 성적으로 졸업한 두 사람은 몇 년의 수련의를 거친 후 둘만의 병원을 내게 되었다.

"형, 우리 이제 때가 된 것 같아."

"수련의도 다 거쳤으니 우리가 오래전부터 그려 온 우리만의 병원을 좀 설계해 보자."

"응, 어차피 우리 전공은 정신과니깐 정신병원을 세워 보자."

"그래, 마음을 치유한다는 것이 얼마나 보람된 일인지 이제 우리 손으로 환자들에게 알려줘 보자."

이렇게 해서 두 사람은 형제 우울증 정신병원을 내게 되었다. 두 사람이 유달리 관심 가진 분야는 우울증 치료 분야였다. 두 사람은 의대에 들어간 후로 웃음의 치유력에 대한 연구를 본격적으로 해 오고 있었다. 자연스레 두 사람은 웃음을 가지고 치유할 수 있는 정신병에 관해 관심을 더 가지게 되었다. 두 사람은 우울증이 웃음 치유의 가장 큰 효력을 받을 수 있다는 결론을 내렸다. 그렇게 해 서 두 사람은 우울증 치료 병원을 내게 된 것이었다.

"웃음 하나면, 해결될 수 있는 병원. 당신의 다운된 기분을 업 시 켜 드립니다. 상처 받은 마음을 치유해 드립니다."

병원이 내 건 슬로건은 웃음이었다. 마음의 상처가 있는 많은 사 람들이 병원으로 몰려들었다. 이 병원은 다른 병원과는 색다른 치 료법을 사용하고 있었다. 다른 병원에서 사용하는 일체의 어떤 주 사도, 약도 제공하지 않았다. 단지 병원에서 했던 방법은 사람들에 게 웃음만 주는 것이었다. 병원에서는 사람들에게 웃음을 주기 위 해 개그맨 뺨치도록 웃긴 간호사들을 고용했다. 사람들은 병원에 들어서는 순간부터 나가는 그때까지 배꼽이 빠지게 웃어 댔다.

간호사들은 들어서는 환자에게 똥 침을 놓는가 하면 우스꽝스러 운 가면을 쓰고서 이리저리 돌아다니기도 했다. 이 병원에만 들어서 면 사람들의 마음이 가벼워지는 것만 같았다. 이 병원에서 많은 환 자들이 웃음을 찾았고 이렇게 되자 형제 우울증 정신병원은 여기저 기 소문이 나서 병원을 찾는 환자들로 정신이 없을 지경이었다.

과학공화국
생물법정 4

이 소식을 전해 들은 건너편 박정 정신병원에서는 형제 우울증 정신병원의 치유법은 어떠한 근거도 없는 것이라고 주장하고 있었다.

"그럴 리가 없죠. 그렇게 우스꽝스러운 간호사 몇 명으로 해결될 문제가 아니라고요. 그렇다면 굳이 의대 공부할 필요 없이 전부 개그맨 하면 우울증 따위 없겠네요."

하지만 웃음 치유법에 관한 확신이 있었던 형제 우울증 정신병원에서는 그들의 이론을 꼼꼼하게 정리해서 학회에 제출하였다. 이렇게 되자 억울한 마음이 든 박정 병원에서는 이 문제를 법정에 들고 나가게 되었다.

웃음은 혈압을 내려 주고, 병균을 막아 주는 항체 분비를 증가시켜 바이러스에 대한 저항력을 길러 주며 세포 증식에 도움을 줍니다. 이것은 사람이 웃을 때 엔도르핀이라는 호르몬이 분비되기 때문이지요.

웃음에는 어떤 효과가 있을까요?
생물법정에서 알아봅시다.

여기는 생물법정

재판을 시작합니다. 먼저 박정 병원 측 변론하세요.

물론 웃으면 기분이 좋아지지요. 하지만 그것은 어디까지나 기분 문제이지 실제로 건강이 좋아질 이유는 없어요. 그런 식이라면 만날 사람을 웃기는 개그맨들은 건강해야 하는데 최근에 모 개그맨은 젊은 나이인데도 병원에 입원해 치료를 받고 있지 않습니까? 그러므로 웃음과 육체 건강 사이에는 아무 관계가 없다는 것이 저의 의견입니다.

형제 우울증 정신병원 측 변론하세요.

웃음 치료 전문가인 이미소 박사를 증인으로 요청합니다.

아름다운 미소를 띠우며 30대 중반의 아리따운 여성이 증인석으로 들어왔다.

증인이 하는 일은 뭐죠?

웃음과 건강과의 관계를 연구합니다.

무슨 관계가 있습니까?

물론이지요.

어떤 관계죠?

우리 몸에는 교감 신경과 부교감 신경이 있습니다. 놀람, 불안, 초조, 짜증은 교감 신경을 예민하게 만들어 심장을 상하게 하지요. 하지만 웃음은 부교감 신경을 자극해 심장을 천천히 뛰게 하여 몸 상태를 편안하게 해 주어 심장병이 안 생기게 합니다. 그래서 잘 웃는 사람은 스트레스를 안 받고 몸이 긴장되지 않아 심장마비와 같은 갑작스런 죽음도 안 당하지요.

좀 더 과학적인 근거를 들어 주시죠.

사람이 한바탕 크게 웃으면 몸속에 있는 650개의 근육 중에서 231개의 근육이 움직여야 하므로 많은 에너지를 소모하게 되지요.

그렇군요. 그럼 또 웃음의 장점이 있습니까?

네, 웃음은 순환기를 깨끗하게 해 주고 소화를 촉진시키고 혈압을 내려 주고, 병균을 막아 주는 항체의 분비를 증가시켜 바이러스에 대한 저항력을 길러 주며 세포 증식에 도움을 줍니다. 이것은 사람이 웃을 때 엔도르핀이라는 호르몬이 분비되기 때문이지요.

 엔도르핀

웃을 때 생긴다고 알려진 엔도르핀은 쾌감을 느끼게 하고 고통을 견딜 수 있도록 몸이 분비하는 물질이다. 따라서 격심한 마음의 감정이나 고통을 느끼게 되면 엔도르핀이 분비되어 그러한 것들을 느낄 수 없도록 한다. 이는 진통제로 널리 사용되고 있는 몰핀보다 200배 정도 강력하다고 알려져 있다. 엔도르핀은 뇌하수체에 존재하여 호르몬과 같은 활동을 하고 있는 것으로 생각되지만, 그 생리적 의의는 아직 정확히 밝혀지지 않고 있다.

허허, 웃음이 웬만한 명약보다 낫군요. 판사님. 이젠 판결 가능하시죠?

깔깔깔. 나도 한 번 웃어서 건강해 봅시다. 요즘 스트레스 받는 일 많은데, 모 변호사 때문에…….

전 아니죠?

판결 계속하겠습니다. 웃음이 건강에 큰 도움을 준다는 것이 밝혀졌으므로 형제 우울증 정신병원의 치료법에는 문제가 없다고 여겨집니다. 그러므로 박정 병원의 문제 제기는 근거가 부족하다는 것이 본 법정의 의견입니다.

과학성적 끌어올리기

피부

먼저 피부가 하는 일을 알아보죠. 피부는 우리 몸의 가장 바깥쪽을 둘러싸고 있어요. 그리고 질긴 조직으로 되어 있어서 보호막 역할을 하지요. 피부는 몸속의 수분이 밖으로 나가는 것을 막아 주고 세균이 몸 안으로 들어오지 못하게 해 주지요.

땀은 왜 날까요? 피부에는 땀구멍이 있어요. 그 구멍을 통해 수분이 밖으로 나가는 게 땀이에요. 우리 몸이 수분을 밖으로 내보내는 이유는 체온 조절 때문이에요. 그러니까 운동을 하거나 날이 너무 더워 우리 몸에 열이 많아지면 체온이 계속 올라가서 위험해져

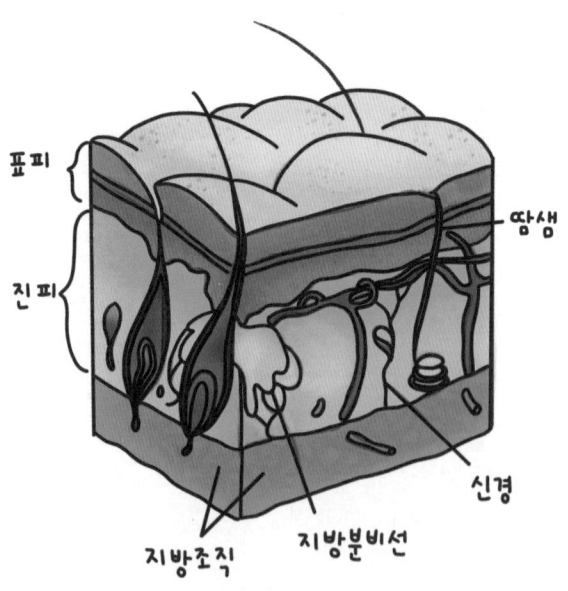

표피

진피

땀샘

신경

지방조직   지방분비선

190

요. 그래서 땀을 통해 수분과 몸에 불필요한 찌꺼기를 밖으로 내
보내면서 체온을 내리게 되는 거죠.

또 피부가 하는 일은 뭘까요? 피부에는 감각 신경이 퍼져 있어
요. 그래서 외부의 자극으로부터 차가움, 뜨거움, 아픔 등의 감각
을 느끼게 되는 거죠. 또한 사람은 입으로만 숨을 쉬는 게 아니라
피부로도 숨을 쉬는데 이를 피부 호흡이라고 해요.

혀의 역할

우리는 어떻게 맛을 느낄까요? 혓바닥의 표면에는 좁쌀 같은 돌
기들이 수없이 많이 나 있어요. 이것의 옆부분에는 맛을 알아차리
는 미뢰라는 것이 있어요.

혀에서 맛을 느끼는 부분이 다르다고 하는데 사실인가요? 아니
에요. 혀끝에서 단맛을 강하게 느낀다고 해서 그 부분에서만 단맛
을 느끼는 것은 아니에요. 특정한 맛에 대한 민감도가 혀의 위치
에 따라 약간 다를 수는 있으나 모든 맛이 세기가 강하면 혀의 어
느 부위에서나 느낄 수 있어요. 그리고 매운맛은 맛이 아니에요.
살을 꼬집으면 아프지요? 그런 것처럼 매운 음식이 혀에 닿으면
혀가 아파하는데 그걸 '맵다' 라고 하는 거예요.

뇌

우리는 어떻게 아프다라는 걸 느끼는 거죠? 뇌가 있기 때문이지요. 뇌는 어떤 일을 할까요? 우리 몸은 복잡한 신경들로 연결되어 있어요. 신경은 여러 가지 감각에서 전달된 정보를 피부로부터 받아 뇌에 연결해 주지요. 그럼 뇌는 어떤 명령을 신경에 전달하여 외부의 자극으로부터 우리 몸이 반응을 하게 만들지요. 신경을 통해 정보가 전달되는 속도는 초속 100미터 정도로 아주 빠르답니다.

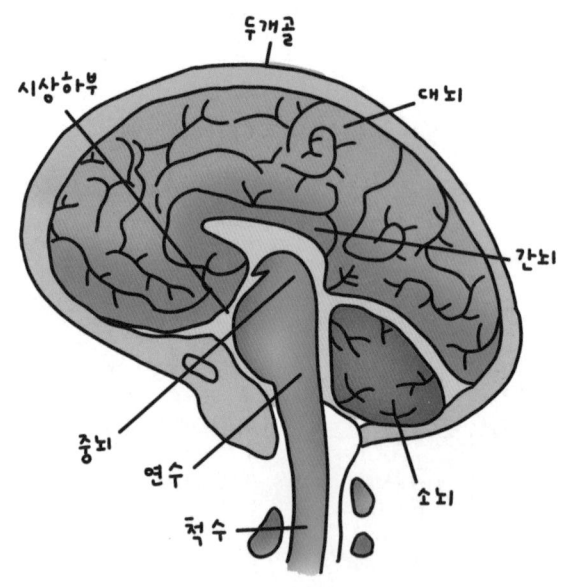

192

기절은 왜 할까?

사람이 정상적으로 활동을 하려면 온몸에 산소가 충분히 공급되어야 해요. 특히 뇌에 적당한 양의 산소가 공급되지 않으면 몸을 제대로 가눌 수가 없게 되니까요.

그런데 사람이 너무 흥분을 하거나 충격을 받으면 숨이 가빠지고 이로 인해 피 속에 산소가 갑자기 늘어나게 되죠. 그러면 뇌는 산소가 갑자기 많이 들어오는 것으로 여기고 산소를 줄이기 위해 혈관을 오므리지요. 이렇게 뇌가 잘못 판단해서 혈관을 오므리면 순간적으로 몸속에 산소가 부족해져 뇌의 활동이 잠시 멈추게 되는데 그것이 바로 기절이에요.

기절은 갑자기 아픔을 느꼈을 때나 무서운 것을 보았을 때, 혹은 충격적인 일을 당했을 때, 몸에 수분이 부족했을 때, 심하게 굶었을 때 일어날 수 있어요. 기절을 해서 뇌에 산소가 부족해지는 현상이 오래 지속되면 뇌세포가 파괴되어 뇌에 손상이 올 수도 있어요. 그러나 대부분의 사람은 기절한 후 몇 분 내에 완전하게 다시 깨어날 수 있답니다.

왜 맛있는 음식을 보면 침이 고일까?

맛있는 음식은 먹지 않고 보거나 상상만 해도 입에 침이 고여요.

그것은 혀 아래의 침샘이라는 곳에서 나오는 침 때문이에요. 음식물이 입 안으로 들어오면 저절로 이 침샘에서 침이 나오게 되지요.

또 음식물이 없더라도 뇌에서 명령을 하면 침샘이 작용을 해서 침이 나와요. 즉, 상상만 해도 침이 나오는 것은 뇌에서 우리 몸에 명령을 하기 때문이에요. 음식물이 입에 들어올 때마다 침샘에서 침을 만들어 내는 일을 계속하다 보니 음식물만 떠올려도 뇌가 그것을 알고 침을 만들어 내라는 명령을 하는 거예요. 이러한 우리 몸의 반응을 조건 반사라고 하지요.

이것은 어떤 조건이 만들어지면 몸이 저절로 행동하는 것을 말해요. 조건 반사는 우리가 경험한 것을 반복적으로 익혀 몸에 익숙해진 것이라고 할 수 있어요. 전화벨 소리를 들으면 전화가 왔다는 것을 알아차리는 것, 차가 빵빵거리면 비키는 것 등이 조건 반사라고 할 수 있지요.

왜 내가 날 간질이면 간지럽지 않을까?

다른 사람이 겨드랑이나 발바닥을 간질이면 웃음이 나는 것을 참기 힘들죠? 이처럼 우리가 간지럼을 탈 때 저절로 웃음이 나오는 것을 반사 작용이라고 해요. 몸이 내 마음과 상관없이 스스로 알아채고 행동하는 거지요.

194

눈앞에 갑자기 무언가가 빠르게 지나가면 나도 모르게 눈을 감게 되는 것이나, 무릎을 쳤을 때 발이 올라가는 것 등이 모두 반사 작용이에요. 그런데 자기가 자기 몸을 간질이면 전혀 간지럽질 않아요. 이것은 자기가 자신의 몸을 간질이려고 손가락을 움직일 때, 뇌가 간지러운 느낌을 먼저 예상하고 감각반응을 취소하기 때문이에요. 하지만 다른 사람으로부터 갑작스럽게 간질임을 당하면 뇌가 이것을 미리 알아채지 못하기 때문에 반응을 취소할 수 없어 웃음이 나는 것이지요.

덥지도 않은데 왜 땀이 날까요?

신체는 섭취했던 수분을 여러 경로를 통해 다시 몸 밖으로 내보내요. 일부는 호흡할 때 폐를 통해 수증기로 배출되기도 하고, 소변이나 대변, 땀을 통해 배출되기도 하지요.

땀은 몸 안에 축적되어 있던 노폐물들을 내보내기도 하고, 피부가 건조해져서 벗겨지는 것을 막아 주기도 합니다.

그렇지만 이런 땀이 아무 때나 난다면 정말 불편할 거예요. 이렇게 특별한 원인 없이 얼굴, 손, 겨드랑이, 발에서 비정상적으로 땀이 많이 나는 것을 '다한증'이라고 합니다.

다한증 환자는 평소엔 아무렇지 않다가 긴장만 하면 손이나 발

에서 심하게 땀이 나지요. 땀을 조절하는 교감 신경이 과잉 반응을
보여서 나타나는 증상이에요.

이럴 때는 땀의 분비를 조절하는 교감 신경 부분을 수술하게 되
면 완치될 수 있지요. 수술로 조절함으로써 재발하지 않고 완치할
수 있는 방법입니다.

제4장

기타 - 인체에 관한 사건

병원균 - 항생제는 좋은 균도 죽이죠

인체와 수분 - 라면 때문에 얼굴이 부었잖아요?

성장판 - 엑스레이로 나이를 알 수 있어요

호흡 ① - 공중전화 부스의 질식사

호흡 ② - 지하철 화재 사건

태아 - 아기 울음 뚝!

피부 - 때를 너무 밀었잖아요?

항생제는 좋은 균도 죽이죠

우리 몸속의 균은 모두 다 나쁜 균일까요?

사건속으로

몸에 좋은 것이라면 흙이라도 주워 먹을 나염려 양
은 오늘도 비타민에서 칼슘약, 철분제, 상황버섯,
동충하초 등등 보약과 영양제를 한가득 삼키고도
불안 불안한 얼굴이었다. 그녀의 주머니 속에는 언제나 가벼운 구
급약에서부터 효과가 입증되지 않은 의심스러운 약들이 가득했다.
길을 걷다가도 그녀는 다른 사람들이 기침을 해서 자신에게 독감
이나 폐렴을 옮기지 않을까 싶어 늘 마스크를 끼고 다녔다. 그녀의
친구들도, 심지어 가족들도 그녀를 말리는 것을 포기하고 지낸 지
옛날이었다. 거기에다가 귀까지 얇아 주변의 누군가가 무슨 약으

로 어떤 효과를 보았다고 하면 얼른 자신도 사서 먹어야만 마음이 놓이는 것이었다. 그래서 오늘도 그녀는 며칠 전에 친구가 효과를 봤다고 해서 자신도 구입한 고린내클로렐라를 오도독거리며 씹어 먹고 있었다. 그녀의 남자 친구인 도몰라 씨는 그런 그녀를 걱정하기에 앞서 이제는 대단하다는 존경의 눈빛으로 바라보았다.

"어떻게 그 쓴 약들을 맛있게 먹을 수가 있어?"

"난 몸에 좋다는 생각만 하면 어떤 음식보다 약이 맛있어지는 걸, 자기야…… 아…… 자기도 먹어 봐."

도몰라 씨는 난감하다는 표정으로 고개를 저었다.

"아하하, 난 됐어요. 너나 많이 드세요. 난 내 몸에 있는 병균들이랑 같이 오순도순 죽을 때까지 같이 살란다."

충격이라는 듯 약통을 떨어뜨리며 나염려 양이 호들갑을 떨었다.

"어머머, 그런 끔찍한 소릴! 난 병균들이 내 남자 친구의 몸에 붙어 있다는 건 참을 수가 없어!"

"나뿐만이 아니라 모든 사람들은 몸 안에 세균이 득실거린다고. 너도 마찬가지야, 염려야."

순간 나염려 양은 커다란 충격에 휩싸여 몸을 비틀거렸다.

"뭐? 뭐라고!"

콰콰쾅. 그녀의 뒤에서 때 아닌 천둥번개가 치기 시작했다. 도몰라 씨는 주춤거리며 뒤로 물러섰다. 그는 자신이 뭔가 잘못했다고 생각했지만 이미 때는 너무 늦었다고 생각했다.

"그렇게 열심히 몸에 좋다는 약은 다 챙겨 먹었건만, 사람의 몸에는 누구나 병균이 득시글거린단 말이지……."

그날 이후로 나염려 양은 그동안 먹던 영양제며 보약들은 모두 끊은 채 오로지 항생제만을 복용하기 시작했다. 몸에 있는 세균을 모조리 죽여야만 마음이 놓일 것 같아서였다. 이런 나염려 양의 소문은 돌고 돌아 의사 협회에까지 퍼져 나갔다. 의사 협회는 긴급 회의를 소집했다.

"아니, 아프지도 않은데 항생제를 그렇게나 많이 먹는단 말이요?"

"그러게나 말입니다. 장 닥터, 이거 이대로 두었다가는 오히려 건강을 해칠까 걱정이네요."

"어허…… 이대로 가다가는 나염려 씨의 몸에는 없던 병도 생길지도 모르겠습니다."

"이런 약의 남용을 어서 말려야 할 텐데, 무슨 방법이 없을까요?"

의사 협회의 의사들은 충격적인 소식에 나염려 양을 어떻게든 말려 보려고 궁리했지만 이미 그녀는 하루에 50알이 넘는 항생제를 매일매일 복용하고 있는 상태였다. 결국 뾰족한 방법 없이 설득만으로는 그녀를 말릴 수가 없는 상황에 이르자 의사 협회는 그녀를 고소하기에 이르렀다.

사람의 몸속에 있는 균은 모두가 나쁜 균들은 아닙니다. 몸에 좋은 균은 장 안의 산성도를 높여 해로운 균이 침입하거나 늘어나는 것을 막아 주지요. 또한 면역력을 크게 해 줘 나쁜 병원균을 이겨 내게 도와준답니다.

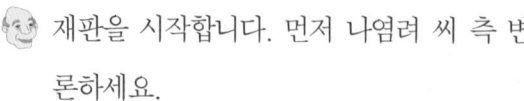

우리 몸에 있는 박테리아는 모두 해로운
걸까요?
생물법정에서 알아봅시다.

재판을 시작합니다. 먼저 나염려 씨 측 변
론하세요.

저희는 증인을 요청하는 바입니다.

증인? 어떤 증인 말이오?

병균 연구에 평생을 바치신 나병균 박사님이십니다.

흠, 좋습니다. 증인의 증언을 들어 봅시다.

깐깐하게 생긴 깡마른 남자가 불안한 얼굴로 증인석에 앉
았다.

증인은 병균 연구를 평생 동안 해 왔다고 하였죠?

그렇습니다만 좀 빨리 증언을 끝내 주시오. 사람이 많은 곳에
는 병균이 득실거려 불안해서 원……

그렇다면 여기 계신 나염려 양처럼 본인이 원해서, 몸속의 병
균들을 죽이고 싶어 항생제를 먹는 사람이 있다면 증인은 어
떻게 하시겠습니까?

어쩌고 말고 할 게 있습니까? 본인이 원해서 그런다는데.

이의 있습니다. 증인은 지금 본인의 과학 지식이 아니라 단순한 의견을 제시하였습니다.

쳇, 그게 그거지.

이의를 받아들이겠습니다. 증인은 좀 더 성의 있게 논리적으로 답변하세요.

이만 하면 됐습니다. 이상입니다.

저희도 증인을 요청합니다.

흥, 따라하기는······.

흰 가운을 입은 동그란 안경의 남자가 요구르트를 쪽쪽 빨아먹으며 등장, 증인석에 앉았다.

증인, 소개 부탁드립니다.

아, 저는 세균과 미생물 연구를 하는 유산균이라고 합니다.

증인이 연구하는 세균에는 우리 몸속에 살고 있는 균들도 있겠죠?

물론이지요. 실제 사람의 몸, 그중 장 속에만도 백조 개의 세균들이 산답니다.

놀랍군요. 그럼 그런 많은 균을 몸속에 가지고도 어째서 사람은 균에 감염되어 죽지 않습니까?

사람의 몸속에 있는 균은 모두 나쁜 균들이 아니기 때문이죠.

몸에 좋은 균은 장안의 산성도를 높여 해로운 균이 침입하거나 늘어나는 것을 막아 주지요. 또한 면역력을 크게 해 줘 나쁜 병원균을 이겨 내게 도와준답니다. 그리고 장의 운동과 소화를 돕고 각종 비타민을 만들어 주기도 하지요.

🙂 아니, 그런 좋은 일을 하는 균도 있었군요. 그럼 항생제를 계속해서 먹는다면 이 좋은 균들도 죽게 되는 건가요?

🧐 네, 항생제는 좋은 균 나쁜 균 가릴 것 없이 모두 죽이지요. 그러므로 항생제의 남용은 그리 좋은 것은 아니라는 것이 제 의견입니다.

🙂 그렇군요, 이상입니다. 재판장님.

😄 판결합니다. 사람 몸속에 그렇게 많은 균이 있다는 점에 한 번 놀랐고, 좋은 일을 하는 균들도 있다는 것에 또 한 번 놀랐습니다. 나염려 양이 자신의 몸을 챙기는 것은 좋지만 이렇게

😄 내 몸에 세균 있다

세균이라고 하면 병을 일으키는 나쁜 세균을 떠올리기 쉽지만 악어와 악어새의 관계처럼 도움을 주고받는 세균도 있다.

유산균은 우리 몸이 허락하는 세균의 하나로 1,000만 마리가 한꺼번에 들어와도 문제가 되지 않지만, 살모넬라균 · 비브리오균 · 황색포도상구균 등이 들어오면 우리 몸은 즉각 반응을 보이고 이들을 죽인다.

그러나 유익한 세균이라도 그 수가 너무 많아지지 않도록 스스로 조절한다. 또한 제자리에 있지 않은 균은 우리 몸에 나쁜 영향을 줄 수도 있다. 대장균이 바로 그 예인데, 대장균은 음식물의 찌꺼기를 분해해 주는 역할을 하며, 대장에 있는 한 우리 몸에 아무런 영향을 주지 않는다. 그러나 만약 대장균이 대장이 아닌 다른 곳에 있다면 방광염, 신우염 등을 일으킬 수 있다.

정신없이 항생제를 먹어 모든 균을 죽이면 그것은 좋은 균도 모두 죽이는 일이 되므로 나양의 건강에 심각한 영향을 주리라 생각합니다. 그러므로 올바른 약 습관을 위해 나염려 양을 잠시 동안 격리 수용하여 약 없이 다른 방법으로 삶의 즐거움과 건강에 대한 자신감을 얻게 하는 프로그램을 만들어 줄까 합니다.

라면 때문에 얼굴이 부었잖아요?

밤에 라면을 먹고 자도 붓지 않는 방법이 있을까요?

과학공화국 최북단에 있는 에취시에는 요즘 밤에

도 불이 꺼지지 않는 공장이 있었다. 그곳은 바로

최고의 인기 라면인 너불면의 생산 공장이었다. 30

년 만의 혹한으로 날씨가 매우 추워지자 갑자기 라면이 인기가 많

아지게 되었고 그중에서도 매콤한 맛의 너불면은 매일매일 공장에

서 만들어 내기가 바쁘게 팔려 나갔다. 덕분에 너불면 라면 공장의

직원들은 야근에 당직에 하루도 쉬는 날 없이 매일매일 고된 일에

시달려야 했다.

"아유, 힘들어. 정말 더는 못하겠네. 이게 뭐야…… 벌써 일주일

째 집에도 못 가고……."

최뽀글 양이 라면 스프를 담던 봉투를 집어던지고는 풀썩 주저 앉으며 말했다.

"그러게. 어디 월급도 쥐꼬리만큼 주면서 이놈의 공장장은 어찌나 부려 먹는지, 저번 돌돌마라 김밥 공장에서는 야근 수당이랑 야참도 꼬박꼬박 챙겨 줬었다고."

이염분 아주머니가 투덜거렸다. 그도 그럴 것이 너불면 라면 공장장인 김야박은 어찌나 인심이 야박했는지 요즘 꽤 수입이 늘었음에도 직원들의 복지에는 전혀 신경을 쓰지 않았고 자신의 이익만 챙기기에 바빴다. 직원들이 잠시 숨을 돌리며 한탄을 하고 있는데 어떻게 알았는지 공장 입구에서 김야박 공장장이 걸어 들어왔다. 멀리서 봐도 한눈에 알아볼 정도로 뒤룩뒤룩 살찐 몸에 얼굴은 심술이 덕지덕지 붙어 있어 직원들은 그를 쳐다보는 것만으로도 치를 떨었다.

"일들 안 하고 뭐하는 거야?"

이염분 아주머니가 작게 속삭였다.

"어이쿠, 호랑이도 제 말하면 온다더니…… 쉬잇!"

"쉬잇!"

직원들은 얼른 다시 작업을 시작했다.

"뭘 그리 뒤에서 수군수군거리는 거지? 오호라…… 근무 환경이 너무 좋다 보니 다들 게으름을 피우는 건가?"

순간 직원들 모두가 어이없다는 표정으로 그를 바라보았다.

"아니, 뭘 그렇게 쳐다봐? 여기 있는 라면들을 매일 마음껏 식사로 먹을 수 있게 해 주는 곳이 어디 있어? 다른 사람들은 우리 라면이 없어서 못 먹는다고. 고마워하지는 못할망정 다들 배부른 소리나 뒤에서 하고 있다니…… 쯔쯔."

혀를 끌끌 차며 나가는 공장장을 바라보며 직원들은 이를 북북 갈았다.

"아유…… 공장장만 아님 내가…… 아유……."

뒤에 서 있던 박면발 씨가 가슴을 퍽퍽 치며 말했다.

"흥! 우리 이렇게 아니라 야참으로 라면이라도 많이 먹어 치워 버리자고!"

이염분 아주머니가 냄비에 물을 부으면서 말했다.

"전 일주일째 라면만 먹어서 얼굴이 두 배는 부은 것 같아요. 내일 오랜만에 남자 친구랑 데이트도 있는데…… 힝."

최뽀글 양이 투덜거렸다.

다음 날 간만에 데이트를 나갔던 최뽀글 양이 수척해진 얼굴로 공장에 들어섰다. 사람들은 모두 의아한 표정으로 그녀를 바라보았다. 그러자 곧 최양은 울먹이며 이염분 아주머니의 품에서 울음을 터트렸다.

"흐엉엉…… 남자 친구가 제 얼굴이 너무 부었다고 헤어지자 그랬어요. 엉엉……."

그녀가 매일 밤마다 야참으로 먹은 라면 때문에 남자 친구에게 차인 것이다. 사람들은 모두 최양을 위로했지만 그녀의 울음은 쉽사리 그쳐지지 않았다.

"엉엉…… 내가 이 공장 고소해 버릴 거야!"

라면에는 염분이 많아 밤에 먹으면 몸속의 수분 배출을 억제합니다. 그럼 그 수분은 바로 얼굴을 붓게 만듭니다. 이를 예방하는 방법으로는 우유를 넣고 라면을 끓이면 되지요. 칼슘은 염분을 밀어내는 역할을 하므로 염분 때문에 배출되지 못한 수분을 밖으로 배출시킬 수 있지요.

과학공화국
생물법정 4

라면을 먹고 자면 얼굴이 꼭 붓는다?
생물법정에서 알아봅시다.

재판을 시작합니다. 먼저 김야박 씨 측 변론하세요.

재판장님, 개인의 체질을 가지고 이렇게 사사건건 재판을 한다면 한도 끝도 없지 않겠습니까?

왜 생뚱맞게 나에게 묻는 거죠? 변호인은 변론이나 하세요.

핏! 안 그래도 그러려고 했습니다. 사람에 따라 잘 붓는 사람과 그렇지 못한 사람이 있습니다. 그건 개인의 차이이지 라면을 먹고 안 먹고와는 관계가 없다…… 제가 하고 싶은 말이 이 말인 거죠.

알았습니다. 그럼 원고 측 변호사 반대 변론하세요.

증인을 요청합니다.

　방금 자다 일어난 것 같은 파자마 차림의 30대 남성이 증인석에 올랐다. 그는 연신 하품을 하며 마치 까치집처럼 헝클어진 머리를 아무렇게나 쓸어 넘겼다.

증인, 소개 부탁합니다.

후아암…… 저는 수면 연구소의 김잠만이라고 합니다. 수면 연구 때문에 정작 제 수면 시간이 모자라서 고역이네요. 하암…….

졸리실 텐데 와 주셔서 감사합니다.

하아…… 아닙니다.

그럼 먼저 묻겠습니다. 거두절미하고 라면을 먹고 자면 붓는다는 것이 가능합니까?

가능하지요. 후아아암…….

그렇다면 라면의 어떤 성분이 우리의 몸을 붓게 하는 건가요?

그것은 바로 염분입니다. 라면에는 염분이 많아 밤에 먹으면 몸속의 수분 배출을 억제합니다. 그럼 그 수분은 바로 얼굴을 붓게 하지요.

염분이 없는 라면을 먹으면 되잖아요?

그런 라면은 없어요.

그렇다면 붓기를 막을 방법은 없는 건가요?

뭐 당연히 가장 좋은 방법으로는 밤에 라면을 먹지 않는 것이지요.

먹고 싶은 건 먹으면서 살아야죠. 먹으면서 안 붓는 방법이 있나요?

우유를 사용하면 됩니다.

그게 무슨 말이죠? 좀 더 자세히 말씀해 주세요.

우유를 넣고 라면을 끓이면 됩니다. 우유에는 칼슘이 많이 들어 있어요. 그런데 칼슘은 염분을 밀어내는 역할을 하므로 염분 때문에 배출되지 못한 수분을 밖으로 배출시킬 수 있지요. 그럼 붓기도 사라질 거고요.

그런 간단한 방법이 있었군요. 판사님. 이상입니다.

판결합니다. 안 그래도 집사람이 밤에 라면 먹으면 얼굴이 붓는다고 그 좋아하던 야식 라면을 끊었는데 오늘 당장 집에 가서 우유 라면을 끓여 사모님에게 아부해야겠군. 그럼 난 바빠서 먼저 갈 테니까 나머지는 두 변호사가 알아서 정리하세요.

밤에 라면 먹고 얼굴 안 붓는 법

우리 몸에서 나트륨은 세포 안에 수분을 끌어당겨 보존하려는 성질이 있다. 그런데 라면은 나트륨의 함량이 높은 음식 중 하나로 라면을 먹고 자면 우리의 몸은 수분을 배출하지 않고 그대로 몸 안에 보존하려 한다. 따라서 세포 속으로 수분이 유입돼 우리 몸이 붓게 되는 것이다. 하지만 라면을 끓일 때 우유를 부어 함께 끓이면 밤에 먹고 자도 얼굴이 붓지 않는다. 라면에 우유를 부어 먹으면 우유의 칼슘과 칼륨이 라면의 염분을 몸 밖으로 배출시키기 때문에 몸이 붓지 않는 것이다.

엑스레이로 나이를 알 수 있어요

손 엑스레이로 정말 신체 나이를 알아낼 수 있을까요?

다나아시티의 한 아파트 단지에 큰 건물 한 채가 들어섰다. 그 건물은 전체가 하나의 개인 병원이었는데 그 이름은 키즈 소아 전문 병원으로 어린이만을 위한 전문 병원이었다. 이 병원은 소위 최신식 시설을 자랑하며 상류층 엄마들과 어린이를 위한 고급 병원이었다. 보통의 어린아이들은 병원이라고 하면 입구에서부터 무조건 떼를 쓰며 가기 싫다고 울음을 터트렸겠지만 이 키즈 소아 전문 병원의 대기실에는 아이들만을 위한 게임기나 장난감들이 가득한 놀이 공간이 마련되어 있어 언제나 어린이들의 웃음소리가 흘러넘쳤다. 병원에 가기 싫어했던 어린아이들도 키즈 소아과라면 놀이동산에 가는 것만큼 반가워했다. 엄마들도 아이들이 병원에 가기 싫다고 떼를 써서 골치를 썩는 일이 없어서 한결 마음 편했다. 병원은 언제나 아이들로, 그리고 엄마들로 북적였다. 그런데 이 병원에서는 다른 병원과는 다른 독특한 점이 하나 있었다. 그것은 의사들이 진찰을 받으러 오는 모든 아이들의 병명이나 증상과는 상관없이 무조건 손을 엑스레이로 찍어서 보는 것이었다. 감기에 걸려서 가도 일단은 손 엑스레이를 찍어야 했고, 다리가 다쳐도 손 엑스레이를 먼저 찍어서 진료를 받아야 했다. 아이들을 데리고 오는 엄마들은 점점 의구심이 들기 시작했다. 가장 먼저 말을 꺼내기 시작한 것은 개구쟁이라 무릎이 까지고 온몸이 성할 날이 없어 병원을 제 집 드나들 듯하는 철수네 엄마 박짠순 씨였다.

"우리 철수는 한 달 전에 자전거 타다가 넘어져서 왔을 때 엑스레이 찍어 뒀던 게 있는데 이번에 또 찍어서 보자고 하던데요."

옆에 있던 다른 엄마도 거들었다.

"그러게요. 우리 애는 목에 가시가 걸려서 빼러 왔는데도 일단 엑스레이부터 찍자고 그랬다니까요."

"아니, 엑스레이 찍는데 한두 푼 드는 것도 아니고 그것도 잔병치레 많은 아이들이 병원 한 번 올 때마다 이렇게 찍어 대니 아주 이제는 허리가 휠 지경이에요."

"그러게 말이에요. 이거 병원에서 일반인들은 잘 모른다고 속이

고서는 부당하게 이익을 보는 건 아닌지 의심스럽네요."

엄마들은 병원 측에서 아픈 곳과는 상관없이 무조건 진료비를 올려 받기 위해 쓸모도 없는 엑스레이 촬영을 강요한다고 짐작했다. 그리고 병원 측을 일부러 부당 이득을 취했다며 소송을 걸었다. 그러자 병원 측에서는 당황하여 해명하는 자리를 마련했다. 하지만 이미 마음이 돌아선 엄마들은 병원에 발길을 끊었으며 병원은 문을 연 지 한 달도 채 못 되어 망할 위기에 처하였다.

"이 일을 어떡하면 좋죠, 원장님?"

"사실을 밝혀야 해요. 여기서 이렇게 망할 순 없어요!"

흰머리가 희끗희끗한 노의사가 고민이 가득한 얼굴로 고개를 끄덕였다. 결국 키즈 소아 전문 병원의 의사들은 생물법정에 이 사건의 진실을 밝혀 주기를 의뢰했다.

손 엑스레이로 찍으면 뼈가 성장하는 모습, 크기, 개수 및 성장판이 닫혀 있는 정도를 알 수 있습니다. 그러나 이 방법으로 아이들의 나이를 맞히는 것은 아이들의 성장판이 닫히기 전인 15세 정도까지입니다.

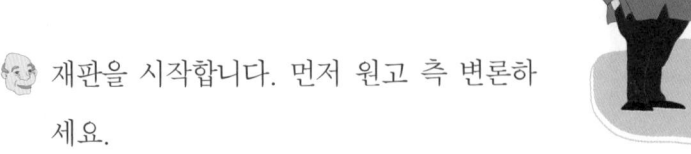

손 엑스레이로 무엇을 알 수 있을까요?
생물법정에서 알아봅시다.

🧑‍🦲 재판을 시작합니다. 먼저 원고 측 변론하세요.

😆 후아암…… 아침부터 무슨 변론이에요. 졸려 죽겠네.

🧑‍🦲 변호인! 신성한 법정에서 하품을 하며 입을 쩝쩝거리다니! 한 번만 더 그러면 퇴장시킬 테니 그리 아세요!

😆 에구 뭐 변론이고 뭐고 할 게 있나요? 이것은 병원에서 부당 이득을 취하기 위해 벌인 명백한 사기 행각이지요. 더 이상 볼 것도 없어요. 난 좀 더 잘 테니 그리 아세요. 후아암…….

🧑‍🦲 나 원 참, 그럼 반대편 변호인 변론하세요.

🙂 저희는 엑스레이 연구소의 김와이 씨를 증인으로 요청합니다.

커다란 엑스레이 필름들을 들고 반듯하게 생긴 젊은 의사 하나가 증인석에 올랐다.

😏 증인의 간단한 소개를 좀 해 주세요.

🙂 저는 방사선과 전문의인 김와이라고 합니다. 같은 의사로서

이번 법정에서는 안타까운 마음이 크군요.

어째서이죠?

병원에서 아이들의 엑스레이를 찍은 것은 다 이유가 있기 때문입니다.

그 이유를 설명해 주시겠습니까?

소아과에 온 환자는 아이들입니다.

그건 너무 당연한 말이잖아요?

아이들의 정확한 나이를 손 엑스레이로 알 수 있어요.

그건 호적을 떼어 보면 알 수 있잖아요?

손 엑스레이로는 정확한 신체 나이를 알 수 있거든요.

그게 무슨 말이죠?

손을 엑스레이로 찍어 뼈가 성장하는 모습, 크기, 개수 및 성장판이 닫혀 있는 정도를 보면 아이의 정확한 신체 나이를 알수 있는 거죠.

나이테 같군요.

물론이지요. 나무도 나이를 먹으면 나이테가 하나씩 늘어나잖아요? 아이들도 뼈의 길이가 길어지고 개수도 늘어나면서 신체가 변하게 되지요.

아이들만 그렇습니까?

물론이지요. 이 방법으로 아이들의 나이를 맞추는 것은 아이들의 성장판이 닫히기 전인 15세 정도까지입니다. 그 이후에는

뼈의 모양, 크기, 개수 이런 것들이 별로 변하지 않으니까요.

그렇다면 아이들의 정확한 신체 나이를 알기 위해 손 엑스레이를 찍은 것이군요.

그렇게 볼 수 있습니다.

판사님, 이상입니다.

판결합니다. 새로운 과학적인 아이디어로 돈을 많이 버는 사람을 욕할 수는 없습니다. 그것이 바로 과학공화국의 과학 윤리이니까요. 그런 의미에서 볼 때 소아과에서 손 엑스레이를 찍어 아이들의 정확한 신체 나이를 가늠해 그에 맞는 치료법과 약을 추천하고자 했던 키즈 소아 병원 측의 생각은 그리 나쁜 행동은 아니라고 봅니다.

 성장판

성장판은 뼈의 말단부에 있는 연골 부위로 이 연골 부위가 세포 분열을 하면서 뼈가 계속 길어지는 것이고 길어지는 것이 바로 키가 크는 것이다. 그러나 성장판이 닫히면 키는 거의 크지 않게 된다. 성장판은 모든 부분이 동시에 닫히는 것이 아니라 손가락, 발가락 부위가 먼저 닫히고 무릎, 손목, 척추 부위가 가장 늦게 닫히는 것이 일반적이다. 사춘기 이전에는 무릎의 성장판이 열려 있는데 사춘기가 되면 무릎의 성장판은 닫히게 되고 척추의 성장판이 열려 있게 된다.
다시 말해 무릎의 성장판이 열려 있는 사춘기 이전에는 다리가 길어지며, 사춘기 이후의 성장은 주로 상체만 자라게 된다.

공중전화 부스의 질식사

산소가 없는 밀폐된 공간은 왜 위험할까요?

사건속으로

과학공화국 최고의 번화가인 메인시티는 낮에는 많은 사람들이 다니는 활기찬 모습이지만 밤이면 사람들로 하여금 공포에 떨게 하는 범죄의 소굴이 되곤 하였다. 특히 밤늦게 다니는 젊은 여성들을 노리는 강도나 치한들이 많아 메인시티의 치안대장인 최검거 씨는 매일 골머리를 썩고 있었다. 그래서 조금이라도 흉악 범죄를 막아 보고자 생각을 짜내고 또 짜냈다. 사실 방법이 없는 건 아니었다. 가장 근본적인 방법은 위험하고 으슥한 골목마다 안전한 대피소를 만드는 것이었다. 하지만 해마다 쪼들리는 재정에 골목마다 대피소를 만드는 것은 현실적으로 불가능했다.

"길거리에서 우리가 흔히 볼 수 있으면서 대피소의 기능도 할 수 있는 뭔가가 없을까?"

고민을 거듭할수록 최검거 씨의 주름살이 깊어져 갔다. 그러는 중에 휴대전화 울리는 소리가 들렸다.

"늴리리야…… 늴리리야…… 니나노……."

촌스러운 민요가락이 울리고 최검거 대장은 정중하게 전화를 받았다.

"네, 치안 유지 센터 치안대장 최검거입니다."

"살려 주세요! 바바리맨 아저씨가 쫓아오고 있어요!"

"넵! 지금 출동하겠습니다."

최검거 대장은 곧이어 다급하게 대원들을 이끌고 출동했다. 신고 여성은 다행히 공중전화 부스 안에서 죽자사자 문고리를 잡고 있었기에 흉한 꼴을 면할 수 있었다. 무사히 바바리맨을 검거하고 나서 문득 최대장은 공중전화 부스를 물끄러미 쳐다보았다.

"그래, 내가 왜 그 생각은 못했을까? 저런 좋은 대피소가 있었는데!"

그는 공중전화 부스를 개조하여 대피소로 만들어 설치하는 계획을 발표하였다.

곧 거리에 있는 모든 공중전화 부스에 미니 대피소의 기능을 덧붙이고자 자동문을 설치하였다. 이 자동문은 방탄유리로 되어 있어 절대 깨지지 않았다. 또한 안에 사람이 있으면 절대 바깥에서 열 수 없게끔 장치가 되어 있어서 여성들로 하여금 훌륭한 대피소가 되어 주기도, 든든한 보호막이 돼 주기도 하였다. 이 공중전화 부스용 자동문을 시내에 가장 으슥한 곳들을 중심으로 설치해 나가자 메인시티의 흉악 범죄율이 확실히 떨어지기 시작하였다.

여성들은 위기에 처하면 먼저 공중전화 부스를 찾았으며 일단 부스 안에 들어가기만 하면 밖에서 무슨 수를 써서도 열 수 없기 때문에 안전을 보장 받을 수 있었다. 그리고 전화기가 바로 옆에 있었기에 구조 요청을 하기에도 쉬웠다. 최검거 대장은 점차 낮아지고 있는 범죄율 그래프를 보며 만족스러운 얼굴을 하고 있었다. 바로 그때였다.

"늴리리야…… 니나노……."

그의 촌스러운 벨 소리가 또 한 번 울렸다.

"네 치안 유지 센터 치안대장 최검거입……."

"살려 주세요!"

다급한 여자의 목소리에 최대장은 의아한 생각이 들었다.

"아니, 공중전화 부스 안이실 텐데 왜 그렇게 다급하신 거죠?"

"그래서 다급한 거라고요. 전 자동문이 고장나서 여기서 벌써 30분째 갇혀 있어요. 점점 숨이 막혀 온다고요. 빨리 와 주세요."

"네? 네, 알겠습니다."

그제야 허둥지둥 최대장은 대원들과 출동을 하였고 공중전화 부스에 도착했을 때는 신고했던 여자는 이미 호흡 곤란을 호소하고 있었다. 이 사건으로 인해 대피소 겸용 공중전화 부스의 안전성에 여러 사람들이 의문을 제기했으며 이 일은 곧 생물법정에 올라가게 되었다.

우리가 음식을 먹으면 쓸모없는 것은 밖으로 나가고
영양소만 몸에 남지요. 그런데 이 영양소들을 태워 에너지를
얻어야 하고 그러기 위해서는 산소가 반드시 필요합니다.
이 과정에서 에너지가 나오고 물과 이산화탄소가 나오는데 이산화탄소는
우리 몸에 필요 없으므로 다시 몸 밖으로 나가게 되지요.

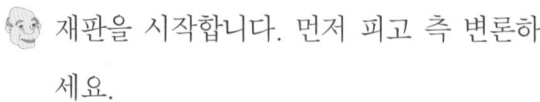

공중전화 부스에서 공기가 모자랄 수 있을까요?
생물법정에서 알아봅시다.

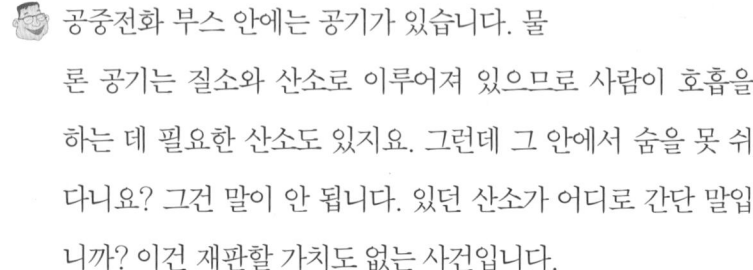

 재판을 시작합니다. 먼저 피고 측 변론하
세요.

공중전화 부스 안에는 공기가 있습니다. 물
론 공기는 질소와 산소로 이루어져 있으므로 사람이 호흡을
하는 데 필요한 산소도 있지요. 그런데 그 안에서 숨을 못 쉰
다니요? 그건 말이 안 됩니다. 있던 산소가 어디로 간단 말입
니까? 이건 재판할 가치도 없는 사건입니다.

생치 변호사! 재판 여부는 내가 결정합니다.

알겠습니다. 변론 끝입니다.

원고 측 변론하세요.

호흡 연구소의 하이숨 박사를 증인으로 요청합니다.

거친 숨소리를 몰아쉬며 반바지 차림의 조깅 복장을 한 30대
남자가 뛰어 들어왔다.

증인이 하는 일은 뭐죠?

사람의 호흡에 관한 연구를 합니다.

호흡이 뭐죠?

숨쉬는 것을 어려운 말로 호흡이라고 합니다.

그럼 어떤 기관으로 호흡을 하죠?

코, 기관, 기관지, 허파이죠.

호흡이 일어나는 과정을 설명해 주세요.

숨을 들이쉬면 공기 중의 산소가 코, 기관, 기관지를 거쳐 허파로 들어가지요. 기관이나 기관지에는 많은 섬모들이 있고 끈끈한 물질로 뒤덮여 있어 함께 들어온 먼지나 세균을 걸러내는 역할을 해요.

그럼 허파는 어떤 역할을 하는데요?

코로 들어간 산소는 기관지를 지나 허파로 들어가지요. 허파에는 작은 주머니 모양의 허파 꽈리가 많이 있어요. 보통 허파 꽈리의 개수는 7억 5천만 개 정도지요. 허파 꽈리는 모세혈관으로 둘러싸여 있는데 허파로 들어온 산소는 허파 꽈리로 들어가 모세혈관을 통해 혈액 속으로 들어가요.

산소는 왜 마셔야 하는 거죠?

달에서 불이 붙나요?

산소가 없으니까 안 붙지요.

물질이 타려면 산소가 있어야 해요. 우리 몸속에서 산소가 하는 역할이 물질을 태울 때 산소가 하는 역할과 같아요. 우리가 음식을 먹으면 그 중 쓸모없는 것은 밖으로 나가고 영양소

만 몸에 남지요. 그런데 이 영양소들을 태워서 에너지를 얻어야 해요. 그러기 위해서는 산소가 반드시 필요하지요. 그러니까 산소가 없으면 살 수 없는 거예요. 영양소와 산소가 몸속에서 합쳐지면 우리가 살아갈 수 있는 에너지가 나오고 물과 이산화탄소가 나오죠. 이산화탄소는 우리 몸에 필요가 없으므로 다시 몸 밖으로 나가게 되지요.

그럼 왜 공중전화 부스에서 질식하게 되는 거지요?

설계가 잘못 되어서 그렇습니다.

그게 무슨 말이죠?

밀폐된 공중전화 부스는 환기가 안 됩니다. 저희 연구소의 실험에 의하면 이 공중전화 부스 속의 산소는 사람이 45분 숨 쉴 수 있는 양 정도입니다. 그러므로 이번처럼 자동문이 고장나는 만일의 사고를 대비해 반드시 밀폐된 장소는 외부로부터 공기가 들어올 수 있는 구멍이 반드시 설치되었어야 합니다.

결국 부실 시공이 문제였군요. 판사님. 이상입니다.

사람이 꽤 많은 양의 산소를 마시는군요. 비오 변호사의 주장처럼 앞으로 어떤 장소이든 밀폐된 공간에는 외부로부터 공기가 들어올 수 있는 유입구를 설치하는 것을 의무화하도록 하겠습니다.

지하철 화재 사건

질식 사고를 예방할 수 있는 방법은 없을까요?

"뉴스 속보를 말씀드리겠습니다. 오늘 오전 8시경 지하철 888호선에서 원인 모를 화재가 발생했습니다. 취재 현장에 나가 있는 윤조목 기자를 불러보도록 하겠습니다. 윤조목 기자."

"네, 언제나 조목조목, 윤조목 기자입니다."

"자기 자랑은 그만 하시고 상황 설명이나 해 주시죠."

아나운서의 핀잔을 들은 윤조목 기자는 민망한 듯 뒤통수를 긁적이며 말을 이었다.

"에헴, 알겠습니다. 저는 지금 오늘 아침 일어났던 사고 현장에

나와 있습니다. 아직도 채 가시지 않은 검은 연기, 당시의 위급했던 상황이 눈에 보이는 듯합니다."

"사상자는 어느 정도나 되나요?"

"아직 정확한 숫자는 파악되지 않고 있지만 다행스럽게도 사망자는 나오지 않고 있습니다. 다만 사고 현장이 지하철이라 환기 시설이 부족했고, 그때문에 연기가 심하게 자욱해서 피해자들이 출구를 찾지 못한 경우가 많습니다. 이에 따라 질식 때문에 호흡 곤란을 호소하는 경우가 많이 나오고 있습니다."

"그렇군요. 그렇다면 현재 구조 상황은 어떻게 되어 가고 있죠?"

"인근 소방서 직원 100여 명, 그리고 동사무소 직원 20여 명, 동네 주민 15명, 지나가던 행인 9명이 나서서 구조 작업을 벌이고 있습니다. 하지만 사고 시각이 출근 시간과 학생들 등교 시간이 겹쳐 지하철에 사람들이 많이 타고 있어 아직도 일손은 턱없이 부족한 형편입니다."

"아 그렇습니까? 그렇다면 윤 기자도 좀 돕도록 하세요."

순간 윤 기자는 자신의 귀를 의심했다.

"네?"

무표정한 얼굴로 아나운서가 말했다.

"일손이 턱없이 부족한데 한 사람이라도 더 거들어야죠. 뉴스는 제가 마무리할 테니 어서 거드세요."

윤조목 기자는 입이 삐쭉해져서는 말했다.

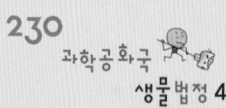

"…… 네 …… 참으로 안타까운 일이 아닐 수 없습니다. 이상 헬로우군바이뉴스 윤조목이었습니다."

"캇트!"

감독의 컷 소리와 함께 윤조목 기자는 두 팔을 걷어붙이고 구조대와 함께 부상자들을 부축했다. 당시에 화재가 났던 역의 담당 관리자였던 조정의 씨는 얼굴에 온통 검댕을 묻힌 채 이리저리 바쁘게 뛰어다녔다. 윤조목기자가 잽싸게 달려가 조정의 씨를 붙잡았다.

"사고가 났었던 역의 관리자였던 조정의 씨죠?"

"네? 네, 그런데요. 왜 그러죠?"

"저는 헬로우군바이뉴스의 윤조목 기자라고 합니다. 괜찮으시다면 잠시 인터뷰 좀 해도 될까요?"

"지금 바쁜 거 안 보입니까? 비켜요, 인터뷰할 시간 따위 없으니."

귀찮다는 듯 뒤돌아 가는 조정의 씨에게 윤조목 기자가 말했다.

"조정의 씨께서 과연 100% 최선을 다 했다고 생각하십니까?"

그가 움찔하며 뒤를 돌아 보았다.

"무슨 말이 하고 싶은 거요 당신?"

"그렇지 않습니까. 본인이 관리하던 역에서 사고가 났는데 전혀 과실이 없다고는 할 수 없지 않겠어요?"

순간 조정의 씨가 눈을 부라리며 말했다.

"아니, 그럼 내가 이 불을 낸 거란 말이오?"

"그런 게 아니라요. 조정의 씨께서 사람들을 좀 더 발 빠르게 인솔해야 하지 않았나 하는 생각이 들어서 말입니다. 물론 관리자 분께서는 사람들에게 출구의 위치를 알려주셨겠지만 그 자욱한 연기 속에서 사람들이 질식하는 것은 속수무책으로 손쓰지 못하지 않았어요?"

순간 말문이 막힌 조정의 씨는 그 자리에 돌처럼 굳어 버렸다. 며칠 뒤 윤조목 기자의 기사가 나자 생물법정은 그를 소환하여 조사하였다.

공기가 부족한 상황이 되면 공기를 최대한 확보해야 합니다.
가방의 소지품을 모두 버리고 공기를 불어 넣은 후 꽉 닫거나,
내의를 벗어 구멍이 있는 곳을 모두 묶고 한쪽 구멍으로
바람을 불어 넣은 후 그 안에 산소를 보관하면 됩니다.

여기는 생물법정

조정의 씨는 정말 최선의 방법으로
사람들을 대피시켰을까요?
생물법정에서 알아봅시다.

재판을 시작합니다. 먼저 조정의 씨 측 변론하
세요.

조정의 씨는 최선을 다했습니다. 하지만 지하
철 화재가 지하에서 일어나고 안 그래도 산소가 많지 않은 지
하에서 일어났고 불이 나면서 산소가 많이 줄어드니까 질식
이 일어나는 것은 당연한 일 아닌가요? 그 책임을 왜 조정의
씨가 져야 합니까? 혹시 모를 화재 사건을 위해 지하철 공사
측에서 산소 탱크를 설치했다면 모를까. 한 개인이 책임질 수
있는 부분이 아니지 않습니까? 아무튼 본 변호인은 이번 사건
에 대해 조정의 씨는 전혀 책임이 없다고 주장합니다.

윤조목 기자 측 변론하세요.

저는 증인으로 윤조목 기자를 요청합니다.

검은 테 안경에 깐깐한 표정의 사내가 증인석으로 천천히
걸어 들어왔다.

이번 사건에 대해 어떻게 생각하십니까?

조금만 주의 깊게 대처했다면 질식으로부터 승객들을 고통스럽게 하지 않을 수 있었다고 생각합니다.

그게 무슨 말이죠?

불이 붙는다는 것은 어떤 물질이 공기 중의 산소와 결합하는 과정입니다. 그러니까 자연스럽게 공기 중의 산소의 양이 점점 줄어들겠지요.

그건 누구나 다 아는 얘긴데요.

그렇다면 공기 중의 산소 양이 줄어들기 전에 조정의 씨가 조치를 취했어야 합니다.

어떻게요?

방송을 통해 산소가 충분히 포함시켜 놓으라고요.

어떻게요?

가방의 소지품을 모두 버리고 공기를 불어 넣은 후 꽉 닫습니다. 그러면 그 안에 산소가 있는 공기가 들어 있는 셈이죠. 또는 내의를 벗어 구멍이 있는 곳을 모두 묶고 한 쪽 구멍으로 바람을 불어 넣은 후 그 곳을 손으로 잡고 있어도 그 안에 산소를 보관하게 되는 것이죠. 이런 식으로 산소를 모아 놓으면서 대피를 한다면 바깥의 공기가 산소가 거의 없어 숨쉬기가 힘들 때 가방이나 옷 속에 보관한 산소를 조금씩 마시면서 나오면 됩니다. 그러면 이번처럼 질식 환자들이 많이 생기지 않았을 것입니다.

좋은 방법 같아요. 판사님. 판결 부탁드립니다.

내 생각으로도 좋은 방법 같군요. 앞으로 지하철 역장을 비롯하여 건물 화재 담당을 맡는 관리인들에게는 이 방법을 지도하여 실제 상황에서 질식으로 고생하는 사람들이 덜 생기게 할 예정입니다.

아기 울음 뚝!

진공청소기를 틀면 정말 아기가 울음을 그칠까?

사건속으로

과학공화국 최고의 출산율을 자랑했던 베비시티에서는 요즘 그 명성이 예전 같지 않았다. 나날이 늘어나는 맞벌이 부부들 때문에 요즘 젊은 부부들은 아기를 가지지 않는 경우가 대부분이었기 때문이었다. 이는 베비시티뿐만이 아니라 다른 도시들, 다른 공화국들도 마찬가지였다. 과학공화국의 출산장려부 장관인 김다산 여사는 요즘 나날이 떨어지는 출산율에 골치가 지끈거렸다. 그녀는 출산장려부 장관답게 일곱 자매의 맏이였으며 그녀 또한 열두 명의 아들, 딸들을 낳아 기른 어머니였다. 각부 장관 회의를 마치고 온 김다산 여사는 온

식구들을 소집해서 대책 회의를 열었다. 그녀의 첫째 딸인 일순 씨가 말했다.

"탁아 시설을 늘리는 게 어때요 엄마?"

"그건 이미 재작년에 했잖아, 누나."

그녀의 다섯째 아들인 오군 씨가 핀잔을 주었다.

"아니면 분유를 공짜로 주는건 어때요?"

"으이그, 아기 때만 그런 거면 몰라도 사람이 죽을 때까지 분유만 먹고 사니?"

김다산 여사는 가족들과 의논을 하면서 깨달은 것은 웬만한 출산 장려 정책은 다 써 보아도 별 소용이 없다는 사실이었다. 그때 뒤에서 잠자코 있던 아홉째인 구자가 나섰다.

"신생아를 위한 탁아소를 세우는 건 어때요?"

"신생아? 누가 신생아를 탁아소에 맡기려고 하겠어?"

"생각해 보세요. 신생아들은 엄마들이 항상 옆에 있어야 하잖아요. 그래서 엄마들이 하루 종일 아무 일도 못하게 하면서 또 육아 비용은 가장 많이 들어가기 때문에 아이를 안 낳는 거고요. 이때 아기를 맡아 주는 믿을 만한 곳이 있다면 맞벌이 부부들도 안심하고 아기를 가지지 않겠어요?"

모든 식구들이 고개를 끄덕였다. 그렇게 해서 생기게 된 것이 맞벌이 부부들을 위해 갓 태어난 아기들을 돌보아 주는 시립 신생아 탁아소인 송아리 탁아소였다. 송아리 탁아소를 홍보하기 시작하자

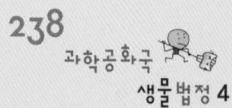

곧 예약까지 받을 만큼 인기를 끌었고 맞벌이 부부들의 출산율은 다시 높아지기 시작했다. 탁아소가 문을 연 첫날 부모들은 기대 반 걱정 반으로 아기를 맡겼다. 이윽고 퇴근 시간이 되자 아기를 맡긴 부모들이 하나 둘씩 찾으러 오기 시작했다. 그런데 아기들이 모두 계속 울고만 있었다. 엄마들은 당황하며 따지기 시작했다.

"어머, 우리 아가가 이렇게 울고만 있는데 달래지도 않는단 말이에요?"

"애초부터 불안불안했는데 안 되겠네. 우리는 내일부터 아기를 안 맡길테니까 그렇게 아세요."

마침 탁아소를 둘러보러 왔던 김다산 장관은 당황하며 부모들을 진정시키려 애썼다. 하지만 이미 엄마들은 머리끝까지 화가 나서 김 장관의 말을 들으려고도 하지 않았고 아동학대로 김 장관을 생물법정에 고소하기에 이르렀다.

태아가 배 속에서 듣는 엄마의 숨소리와 옷깃 스치는 소리는
진공청소기나 TV 소음, 자동차 엔진 소리, 세탁기 소리 등과 비슷하지요.
그래서 생후 3개월 미만인 아기들은 진공청소기 소리만 들어도
엄마 뱃속에 있을 때와 같은 편안함을 느껴 울음을 그치게 됩니다.

과학공화국
생물법정 4

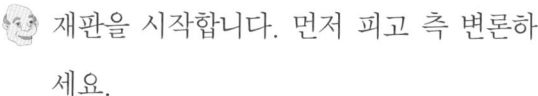

울고 있는 아기의 울음을 멈추게 하는 방법은 무엇일까요?
생물법정에서 알아봅시다.

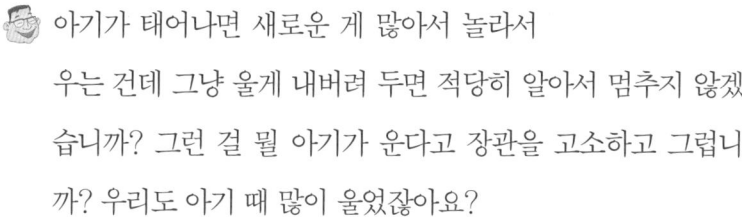

재판을 시작합니다. 먼저 피고 측 변론하세요.

아기가 태어나면 새로운 게 많아서 놀라서 우는 건데 그냥 울게 내버려 두면 적당히 알아서 멈추지 않겠습니까? 그런 걸 뭘 아기가 운다고 장관을 고소하고 그럽니까? 우리도 아기 때 많이 울었잖아요?

생치 변호사는 아기 때 울었던 게 기억이 납니까?

그건 아니지만 엄마가 그러시더군요. 요란하게 울어 댔다고요.

그랬을 거 같아요.

전 변론 끝났는데요?

무슨 변론을 했다고. 으이구, 아무튼 재판에 도움이 안 돼. 그럼 원고 측 변론하세요.

태아 연구소의 김응애 소장을 증인으로 요청합니다.

나이에 비해 열 살쯤 젊어 보이는 30대 여자가 증인석으로 천천히 걸어 들어왔다.

증인이 하는 일은 뭐죠?

아기랑 관련된 연구를 하고 있습니다.

아기는 왜 울죠?

아기는 신경계의 발달이 미숙한 이유로 잘 놀라기 쉽습니다. 그래서 작은 소리에도 몸을 깜짝깜짝하며 놀라지요. 그때 울 수 있습니다. 물론 배가 고프거나 응가를 했을 때 우는 건 낭연한 거고요.

그럼 우는 아이를 울음을 멈추게 할 순 없나요?

아기의 귓구멍을 새끼손가락으로 살짝 자극을 주면 아기가 울음을 뚝 그칩니다. 이 방법은 생후 24개월 아기까지 유효하며 개월 수가 낮을수록 효과는 100%에 가깝지요. 하지만 아기 귀는 예민해 염증이 생길 수 있으므로 응급한 경우에만 사용해야 하는 방법입니다.

또 다른 방법은 없나요?

진공청소기를 틀어 놓으면 됩니다.

그건 왜죠?

태아가 배 속에서 듣는 엄마의 숨소리와 옷깃 스치는 소리가 진공청소기나 TV 소음, 자동차 엔진 소리, 세탁기 소리 등과 비슷하지요. 그래서 생후 3개월 미만인 아기들은 진공청소기 소리를 들으면 엄마 배 속에 있을 때와 같은 편안함을 느껴 울음을 그치게 됩니다.

아니 그런 간단한 방법이 있었군요. 판사님 판결해 주세요.

돈도 별로 안 드는 방법이 있었습니다. 누구나 아기를 조산원에 맡긴 부모는 자신의 아기가 울고 있을 때 걱정이 됩니다. 그게 인지상정이지요. 그렇다면 아기들이 많이 울 때 조산원 사람들이 진공청소기 소리를 녹음하여 들려주면 아기들은 자궁 속에 있었을 때의 추억을 떠올리며 편안하게 잠을 잘 수 있었을 것입니다. 그러므로 앞으로 모든 조산원에서는 이 방법을 아기들이 울 때 사용하기를 적극 권장하는 바입니다.

때를 너무 밀었잖아요?

부드러운 피부를 유지하려면 어떻게 하면 되나요?

"으이챠!"

깨끄시 온천의 강대패 아주머니는 오늘도 힘차게 목욕탕 문을 열었다. 깨끄시 온천은 과학공화국에서 물이 좋기로 소문난 곳이라 늘 사람들로 북적이곤 했다. 그중에서도 명물로 통하는 것이 바로 강대패 아주머니였다.

"아줌마! 여기 등 좀 밀어 주세요."

"예…… 갑니다요……"

강대패 아주머니는 올해의 아줌마 팔씨름 대회의 우승자이면서 전국목욕관리경진대회에서도 우승을 차지한 때밀이 아줌마계의 유명 인사였다. 씩씩하게 대답한 아줌마는 곧 대패로 나무를 밀듯이 썩썩 소리를 내며 때를 밀기 시작했다.

"아유! 아유! 시원해라. 내가 이 맛에 여기 온다니깐."

등을 맡긴 아주머니는 연신 칭찬이었다.

"언제나 와 주기만 하세요. 최고의 서비스로 몸에 한 점의 때라도 나오면 전액 환불해 드릴 테니까요."

강대패 아줌마의 자신만만한 웃음소리가 시원스레 울려 퍼졌다. 그녀가 때수건을 한 번 스치기만 하면 몇 달간 목욕을 하지 않은 사람도 아기 피부처럼 깨끗해지고 또 일단 한번 밀기만 하면 때가 하나도 없어 사람들은 그녀의 솜씨를 감탄해 마지않았다. 일부러 아줌마에게 때를 밀려고 멀리서 찾아오는 단골들까지 있을 정도였다. 아줌마의 고정 단골인 왕깔끔 여사가 오랜만에 목욕탕을 찾았다. 강대패 아줌마는 반가움에 얼른 가서 아는 척을 하였다.

"아유…… 예전엔 사흘이 멀다 하고 오시더니 요샌 왜 이리 통 얼굴을 못 뵈유?"

왕깔끔 여사는 수척해진 얼굴로 말했다.

"몸이 좀 안 좋아져서요. 당최 왜 이런지 모르겠네."

왕깔끔 여사가 탈의실로 들어서자 우르르 서 있던 다른 아줌마들이 움찔 놀라는 기색을 보였다. 한 아줌마가 그녀를 보더니 말했다.

"에그, 깜짝이야. 난 또 때밀이 아줌만 줄 알았지."

왕깔끔 여사가 눈을 동그랗게 뜨며 물었다.

"때밀이 아줌마가 왜요?"

한 아줌마가 대뜸 나서며 말했다.

"그쪽도 요새 여기저기 아프지 않아요?"

"어떻게 알았어요?"

아줌마들은 다시 수군거렸다.

"요새 대패 아줌마가 때 밀어 줬던 단골 아줌마들마다 다들 아파서 드러누웠잖아요. 몰랐어요?"

"네에?"

왕깔끔 여사는 깜짝 놀랐다.

"그럼 내가 이렇게 아픈 게 때밀이 아줌마 때문이란 말이에요?"

그녀는 자신이 아픈 이유가 때밀이 아줌마 때문이라고는 상상도 하지 못했었다.

"아니란 법도 없지. 이상하게 대패 아줌마 단골이었던 요 앞 동네 심약순 할머니랑 옆 동네의 한요주 새댁도 다 드러누웠대요, 글쎄."

"세상에, 세상에! 뭔지 몰라도 뭔가 있어."

"그러게? 원인은 우리가 잘 모르지만 뭔가 이유가 있으니까 이런 일이 벌어진 거 아니겠어?"

왕깔끔 여사는 머릿속이 복잡해졌다.

"아니, 잠깐만요."

아줌마들이 모두 왕깔끔 여사를 쳐다보았다.

"우리 여기서 이렇게 아니라······"

"아니라?"

"생물법정에 정식으로 의뢰를 해 보는 게 어때요?"

"그거 좋은 생각인데?"

"그래요, 그럽시다."

그리하여 생물법정에서는 강대패 아주머니를 소환하기에
이르렀다.

우리 몸은 각질층이 과다하게 생성돼 지저분하게 보일지라도,
스스로 조절하는 능력이 있어 과다한 부분도 없고
부족한 부분도 없이 매끈한 피부를 만들어 냅니다.

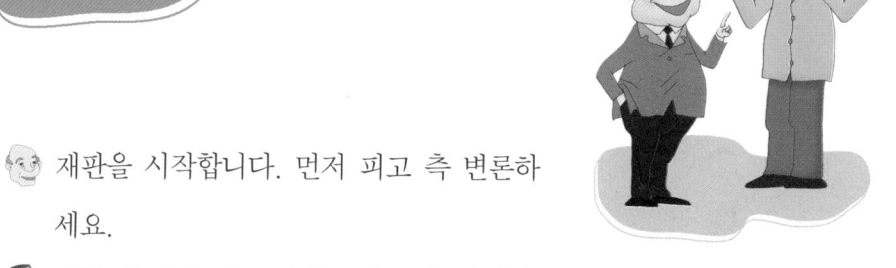

때를 세게 밀어 병이 날 수 있을까요?
생물법정에서 알아봅시다.

재판을 시작합니다. 먼저 피고 측 변론하
세요.

때를 잘 밀어 줘도 뭐라고 하고 잘 안 밀어
줘도 뭐라고 하고 그럼 때밀이 아줌마들 보고 뭘 하라는 것입
니까? 세상에 무슨 때를 밀었다고 병에 걸립니까? 때는 건강
의 적 아닌가요? 저는 그렇게 생각하는데, 판사님의 의견은
어떠신가요? 앗참! 판사님은 일 년에 목욕을 두 번만 하시죠?

정말입니까?

추석과 설날 이렇게 두 번만 하는 걸로 알고 있습니다.

진도 나갑시다. 원고 측 변론하세요.

때와 건강에 관한 논문을 수십 편 발표한 과학 국립 보건원의
김때강 박사를 증인으로 요청합니다.

얼굴에 윤기가 반지르르하게 흐르는 40대의 남자가 증인
석으로 걸어 들어왔다.

증인이 하는 일은 뭐죠?

사람 피부에 붙어 있는 때와 건강의 관계를 연구하고 있습니다.

때는 무조건 빡빡 밀어야 하는 거 아닌가요?

그렇지 않습니다.

그건 왜죠?

때는 공기 중의 먼지나 더러운 물질들과 피부 각질의 죽은 세포, 땀, 피지 등 피부의 분비물이 섞여 피부에 붙어 있는 것입니다. 즉 순수한 의미의 때는 샤워만으로도 충분히 씻겨 나가지요.

그럼 우리가 빡빡 미는 시커먼 때는 뭐죠?

그건 상당 부분이 피부의 각질층입니다.

그게 뭐죠?

각질층은 피부의 수분 증발을 막는 피부 보호막이자, 콜레스테롤, 세라마이드, 지방산 등을 포함하는 주요 층이기 때문에, 목욕할 때 심하게 벗겨 내면 피부는 건조해지고 거칠어집니다. 그러니까 피부 보호와 보습을 위해선 샤워 정도로 끝내는 것이 좋지요.

 때 밀기 싫어요

피부에 자극 또는 무리를 주는 행위는 올바른 목욕법이라 할 수 없다. 뜨거운 물이나 사우나에 자주 가는 것은 피하고, 샤워나 목욕은 하루에 한 번 이상 하지 않는 것이 좋다. 과도하게 때를 미는 것보다는 간단하게 샤워 정도로 몸을 씻는 편이 좋다.

그래도 때가 있으면 좀 찜찜하지 않나요?

때를 안 밀면 지저분해서 어떻게 하느냐고 의아해하는데, 진

짜로 더러운 성분은 물로만 씻어도 대부분 없어지며, 기름때가 많이 낀 경우라도 비눗물로 씻는 정도로도 충분히 제거됩니다. 건강한 피부는 스스로 조절 능력이 있으니까요. 우리 몸은 각질층이 과다하게 생성돼 지저분하게 보일지라도, 스스로 조절하기 때문에 과다한 부분도 없고 부족한 부분도 없이 매끈한 피부를 만들어 내지요.

그러니까 증인의 말은 깨끗하고 부드러운 피부를 유지하고 싶다면 과도한 때밀기를 삼가는 것이 좋다는 얘기군요.

그렇습니다.

판결합니다. 우리는 그동안 때를 벗겨 낸 것이 아니라 자신의 살을 깎고 있었군요. 각질층인가 뭔가 그거 결국 우리 피부에 필요한 거잖아요? 그래요, 우리 과학공화국보다 선진화된 나라에서는 이미 때를 밀지 않고 자주 샤워를 하는 시스템이 정착이 되었는데 우리도 과학적으로 살기 위해 이런 시스템을 당장 도입할 필요가 있다고 생각합니다. 당장 보건복지부에 건의하러 가겠습니다.

과학성적 끌어올리기

호흡 기관

숨쉬는 것을 어려운 말로 호흡이라고 하죠. 호흡 기관은 코, 기관, 기관지, 허파이죠.

숨을 들이쉬면 공기 중의 산소가 코, 기관, 기관지를 거쳐 허파로 들어가죠. 기관이나 기관지에는 많은 섬모들이 있고 끈끈한 물질로 뒤덮여 있어 함께 들어온 먼지나 세균을 걸러 내는 역할을 하죠.

허파

코로 들어간 산소는 기관지를 지나 허파로 들어가죠. 허파에는 작은 주머니 모양의 허파 꽈리가 많이 있어요. 보통 허파 꽈리의

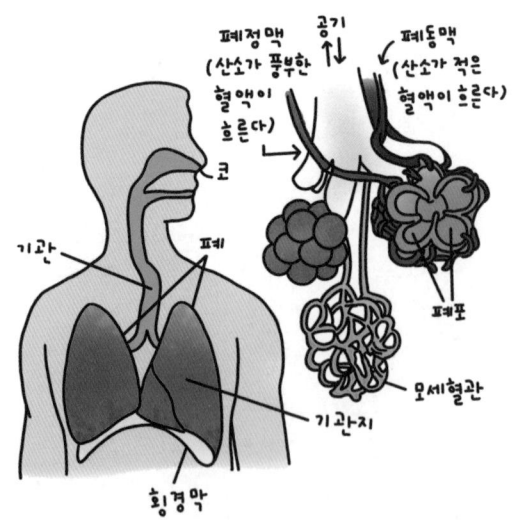

개수는 7억 5천만 개 정도죠. 허파 꽈리는 모세혈관으로 둘러싸여 있는데 허파로 들어온 산소는 허파 꽈리로 들어가 모세혈관을 통해 혈액 속으로 들어가죠.

산소의 역할

우리가 산소를 마셔야 하는 이유는 뭘까요? 우리 몸속에서 산소가 하는 역할이 자동차의 연료를 태울 때 산소가 하는 역할과 같으니까요. 우리가 음식을 먹으면 그중 쓸모없는 것은 밖으로 나가고 영양소만 몸에 남지요. 그런데 이 영양소들을 태워서 에너지를 얻어야 해요. 그러기 위해서는 산소가 반드시 필요하죠. 그러니까 산소가 없으면 살 수 없는 거죠.

영양소와 산소가 몸속에서 합쳐지면 우리가 살아갈 수 있는 에너지가 나오고 물과 이산화탄소가 나오죠. 이산화탄소는 우리 몸에 필요가 없으므로 다시 몸 밖으로 나가게 되죠.

식물의 호흡

사람과 동물들은 산소를 마셔 에너지를 얻고 그 결과 만들어지는 이산화탄소를 밖으로 내보냅니다. 식물도 마찬가지로 산소를 마시고 이산화탄소를 밖으로 내보내는 호흡을 하지요. 하지만 식물의 경우, 낮에는 호흡보다 이산화탄소를 이용한 광합성 작용을 더 활발하게 하므로 산소가 더 많이 밖으로 내보내 진답니다.

딸꾹질은 왜 나올까요?

딸꾹질의 원인은 몸을 가슴과 배로 나누고 있는 횡격막에 있습니다. 심호흡을 하여 숨을 들이마시면 가슴과 함께 배도 부풀어오릅니다. 숨을 내뱉으면 반대로 배가 홀쭉해 집니다. 이때 횡격막이 올라갔다 내려갔다 하지요. 이와 같은 횡격막의 운동은 뇌에서 신경을 전해 그 근육에 명령이 내려지기 때문입니다. 그런데 이 명령의 타이밍이 맞지 않으면 급작스레 횡격막이 오그라들어서 돌연히 숨을 들이마시게 되면 묘한 소리가 나오게 되는데 이것이 딸꾹질입니다.

예방 접종 이야기

독감이 유행할 때 우리가 맞는 예방 주사는 언제부터 시작되었을까요? 예방 주사를 처음 알아낸 사람은 영국의 생물학자 제너입니다. 제너는 1749년 영국의 버클리에서 태어났어요. 제너는 어려서부터 자연을 좋아하고 특히 생물을 관찰하는 것을 좋아했지요.

제너가 태어나기 전부터 천연두는 수많은 사람들의 목숨을 빼앗아 가는 아주 무시무시한 질병이었어요. 천연두에 걸리면 온몸이 불덩어리가 되고 여기저기 고름이 생기는데 한 번 천연두에 걸리면 다섯 명 중 한 명이 죽거나 설령 살아남는다 해도 곰보로 평생을 살아가야 했지요. 18세기의 유럽에서는 100년 동안 천연두로 6천만 명이나 사망했고 유명한 프랑스의 왕 루이 15세도 이 병으로 죽었지요. 이만큼 당시 천연두는 사람들을 공포로 몰아넣었답니다.

당시 사람들은 한 번 천연두에 걸렸던 사람은 다시는 걸리지 않는다고 믿었어요. 그래서 천연두에 걸린 사람의 고름을 건강한 사람의 피부나 콧구멍에 넣는 일이 많았답니다. 그런데 이 방법은 그리 좋은 방법이 아니었어요. 천연두의 고름을 바른 사람이 천연두에 걸리거나 다른 사람들에게 천연두를 전염시키는 일들이 발생했기 때문이지요.

무시무시한 천연두를 막는 방법은 사실 아주 오래전부터 연구되었어요. 10세기 후반에 중국의 왕단은 자신의 아들이 천연두로 죽자 많은 상금을 내걸고 천연두의 치료법을 찾았는데 한 선인이 와서 그 치료법을 알려 주었지요. 그가 알려 준 방법이 바로 천연두에 걸렸지만 죽지 않았거나 가볍게 천연두를 앓고 있는 사람의 고름을 모아 병에 한 달간 보관한 다음 이를 가루로 만들어 환자의 콧속에 넣는 방법이지요. 물론 이 방법은 앞에서 얘기한 것처럼 부작용이 많았답니다. 하지만 이 방법은 인도를 거쳐 터키에 전파되었는데 터키 사람들은 이 방법을 인두법이라고 불렀습니다. 그 당시로서는 인두법 외의 다른 방법이 없었기 때문에 천연두에 걸린 환자는 대체로 인두법으로 치료를 받았답니다.

1716년 터키에 살고 있던 영국 대사 몬테규는 인두법을 천연두에 걸린 자신의 아이들에게 사용하여 아무 탈 없이 천연두를 피하게 할 수 있었어요. 이 일로 인두법은 영국 왕실이 인정하는 천연두 예방법이 되었습니다.

비록 인두법이 천연두로 죽는 사람을 10분의 1 정도로 줄이는 역할을 했지만 이 방법으로는 오히려 천연두가 사람을 통해 더 많은 사람들에게 퍼지는 문제가 발생했지요. 그러므로 완전하게 천연두를 치료하고 천연두가 퍼지는 것도 막을 수 있는 새로운 치료법이 필요했지요.

이제 제너의 이야기를 해 볼게요. 제너는 어릴 때부터 의사가 꿈이었어요. 당시 의사가 되기 위해서는 13세부터 경험이 풍부한 의사 밑에서 수련을 받은 후에 의학 대학에 들어가 2년 정도 공부해야 했지요. 제너는 소드베리라는 작은 마을에 사는 한 의사로부터 수련을 받고 훗날 런던의 성조지 병원에서 의학 공부를 했습니다.

과학성적 끌어올리기

의사가 된 제너는 좀 더 확실하게 천연두를 막을 수 있는 방법이 없을까 고민했지요. 그러던 중 1766년 어느 날 농장에서 우유를 짜는 여자가 소드베리의 병원에 진찰을 받으러 왔어요. 제너는 그녀와 천연두에 대한 이야기를 하다가 그녀로부터 소젖을 짜는 여자들은 천연두에 걸리지 않는다는 얘기를 듣게 되었지요. 소젖을 짜는 여자들을 유심히 살펴본 결과 제너는 그들에게는 천연두로 생긴 곰보가 없다는 것을 알게 되었습니다.

제너는 왜 소젖을 짜는 사람들이 천연두에 잘 걸리지 않는지 궁금했어요. 그리고는 매일 소를 상대하는 이들이 우두(천연두와 비슷한 소의 피부병)에 걸리기 때문이라는 것을 알게 되었지요. 이 들이 소 때문에 우두에 걸리긴 하지만 사람이 우두에 걸리면 가벼운 증상만 보이다가 금방 회복하게 되고 더 이상 우두나 천연두에 걸리지 않는다는 것을 알게 되었지요. 그래서 제너는 이런 가설을 세우게 되었어요.

'우두에 걸린 사람은 천연두에 걸리지 않는다.'

런던의 성조지 병원에서의 공부를 마치고 1775년 제너는 의사 자격을 얻어 고향으로 돌아왔어요. 제너는 사람들에게 소젖을 짜는 여자들이 천연두에 걸리지 않는다는 얘기를 들려주었지요. 놀랍게도 많은 사람들이 이미 그 사실을 소문을 통해 알고 있었어요.

하지만 제너는 혹시 자신의 가설이 틀릴지도 모른다는 생각 때문에 이 가설을 실험하지 못했답니다.

그렇게 세월이 흘러 1796년이 되었어요. 물론 제너는 그때까지도 우두가 천연두를 막아 줄 것이라는 믿음을 버리지 않았지요. 제너는 더 이상 미룰 수 없어 스승인 존 헌터 박사에게 제너의 고민을 털어놓았어요. 그러자 존 헌터 박사는 '자네는 왜 생각을 실험으로 옮기지 않는가?' 라고 나무라셨지요.

박사님의 말에 제너는 용기를 내어 이 가설을 실험해 보기로 결심했지요.

제너의 첫 번째 실험 대상은 62세의 존 필립이라는 허드렛일을 하며 살아가는 노인이었어요. 그는 아홉 살 때 우두에 걸린 적이 있었지요. 제너는 천연두 환자의 상처에서 뽑아 낸 고름을 노인에 팔에 주사했지요. 노인은 어깨가 조금 아프다는 얘기만 할 뿐 천연두의 증세를 나타내지 않았답니다.

제너는 이번에는 우두에 걸린 적이 없는 사람에게 우두를 접종한 뒤 천연두를 접종하는 실험을 해 보기로 했어요. 이 실험은 1796년 5월에 이루어졌는데 제너는 우두에 걸린 사라 넬무즈의 손에 난 수포에서 고름을 뽑아 내어 8세 소년인 제임스 핍스에게 접종했지요. 제너는 소년의 팔에 작은 상처를 두 개 내고 그 상처에 넬무즈에게

서 채취한 고름을 조금씩 묻혔지요. 핍스는 가벼운 우두에 걸려 1주일 동안 열이 조금 나더니 곧 나았어요.

그리고 6주 뒤인 7월 1일 제너는 용기를 내어 소년의 팔에 천연두를 접종했어요. 만일 제너의 가설이 틀리다면 소년은 목숨을 잃을지도 모르는 상황이었답니다. 그리고 제너는 매일 소년에게 일어나는 일을 관찰했어요. 다행히 소년에게 천연두의 증상은 전혀 나타나지 않았답니다. 이것은 제너의 가설이 옳다는 것을 뜻하지요. 이것은 바로 우두가 천연두를 막을 수 있는 면역 역할을 한다는 것을 발견한 것이지요. 제너는 우두가 천연두와 비슷하기 때문에 우두를 '소의 천연두'라고 불렀어요.

하지만 핍스 소년의 경우는 예외적인 경우일 수도 있기 때문에 제너는 다시 한 번 실험을 하기로 했답니다. 2년 후 제너는 한 고아원에서 우두에 걸린 다섯 명의 아이에게 천연두를 접종해 보았지요. 물론 아이들 모두 천연두의 증상이 나타나지 않았어요. 그제야 제너는 우두의 접종이 천연두를 예방한다는 확신을 얻게 되었지요. 즉 천연두를 예방하는 방법은 바로 우두를 접종하는 것인데 이것을 종두법이라고 부릅니다.

하지만 제너의 실험이 모두 성공한 것은 아니었어요. 제너에게 우두 접종을 받은 어떤 사람은 접종 직후 접종한 부위가 붉게 변하더니 며칠 후 죽고 말았지요. 그러나 이 환자는 우두나 천연두로 죽은 것이 아니라는 것이 곧 밝혀졌지요.

제너는 우두 접종이 천연두를 예방할 수 있다는 실험 결과를 왕립 학회에 논문으로 제출했어요. 하지만 학회는 사람의 병이 소의 병과 관련 있다는 것은 말도 안 된다고 하며 제너의 논문을 인정해 주지 않았어요. 즉 사람의 피 속에 동물이 가지고 있는 물질을 주입한다는 것은 매우 구역질 날 정도로 더러울 뿐 아니라 신에 대한 도전이라는 이유에서지요. 심지어 동료 의사들조차도 제너의 천연두 예방법에 반대를 하기 시작했답니다.

상황은 그 정도로만 끝난 것은 아니에요. 사람들 사이에서는 우두를 맞으면 머리에 소뿔이 난다는 등 사람이 소로 변한다는 말도 안 되는 소문도 돌기 시작했으니까요. 하지만 사람들은 쇠고기나 돼지고기도 먹고 소에서 나온 우유도 마시잖아요? 그런다고 사람에게 소뿔이 나오거나 코가 돼지처럼 변하나요? 물론 그렇지 않지요. 제너는 비록 우두가 소로부터 채집된 것이라지만 사람의 병을 고치는 데 사용될 수 있다면 사용해야 한다는 생각을 굽히지 않았지요.

하지만 제너는 천연두를 막을 수 있는 이 방법을 많은 사람들에게 알려야 한다는 생각에 자신의 돈으로 논문을 출판하기로 결심

했지요. 그리고 돈이 없는 사람들에게 무료로 하루에 300회 정도 우두를 접종해 주었답니다. 이러한 노력으로 천연두로 고생하는 사람들은 점점 줄어들게 되었지요. 인류는 제너의 조그마한 노력 덕분에 천연두의 공포로부터 완전하게 벗어날 수 있게 되었답니다. 물론 이 모든 일을 성공시킨 것은 실패를 두려워하지 않고 많은 사람들을 고치겠다는 의사로서의 의지가 있었기 때문이죠. 그리고 확실한 믿음 속에서 건강한 사람들의 몸에 천연두를 주입했던 제너의 도전이 결국 천연두를 지구에서 사라지게 했습니다.

생물과 친해지세요

이 책을 쓰면서 좀 고민이 되었습니다. 과연 누구를 위해 이 책을 쓸 것인지 난감했거든요. 처음에는 대학생과 성인을 대상으로 쓰려고 했습니다. 그러다 생각을 바꾸었습니다. 생물과 관련된 생활 속의 사건이 초등학생과 중학생에게도 흥미 있을 거라는 생각에서였지요.

초등학생과 중학생은 앞으로 우리나라가 21세기 선진국으로 발전하기 위해 필요로 하는 과학 꿈나무들입니다. 그리고 최근 생명과학의 시대에 가장 큰 기여를 하게 될 과목이 바로 생물학입니다. 하지만 지금의 생물 교육은 직접적인 관찰 없이 교과서의 내용을 외워 시험을 보는 것이 성행하고 있습니다. 과연 우리나라에서 노벨 생리의학상 수상자가 나올 수 있을까 하는 의문이 들 정도로 심각한 상황에 놓여 있습니다.

저는 부족하지만 생활 속의 생물학을 학생 여러분들의 눈높이에

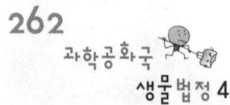

맞추고 싶었습니다. 생물학은 먼 곳에 있는 것이 아니라 우리 주변에 있다는 것을 알리고 싶었습니다. 생물 공부는 논리에서 시작됩니다. 올바른 관찰은 생물에 대한 정확한 정보를 줄 수 있기 때문입니다.